गणित में सरसता
और
आनन्द

AF650306

लायकराम शर्मा

यूनीकॉर्न बुक्स

प्रकाशक
यूनीकॉर्न बुक्स

F-2/16, अंसारी रोड, दरियागंज, नई दिल्ली-110002
☎ 23275434, 23262683, 23262783 • Fax: 011-23257790
ई-मेल: info@unicornbooks.in • वेबसाइट: www.unicornbooks.in

शाखा : मुम्बई
23-25, जाओबा वाड़ी, ठाकुरद्वार, मुम्बई-400002
☎ 022-22010941, 022-22053387
ई-मेल: rapidex@bom5.vsnl.net.in

शोरूम
➤ **पी.एम., पब्लिकेशन्स,** नई दिल्ली
10-बी, नेताजी सुभाष मार्ग, दरियागंज, नई दिल्ली-110002
6686, खारी बावली, दिल्ली-110006

मुख्य वितरक
➤ **पुस्तक महल,** नई दिल्ली
J-3/16, दरियागंज, नई दिल्ली-110002
बेंगलुरु: ☎ 080-22234025
पटना: ☎ 0612-3294193

➤ **वी. एण्ड एस. पब्लिशर्स,** हैदराबाद
☎ 040-24737290

© **कॉपीराइट : प्रकाशक**

ISBN: 978-81-7806-169-6

गणित में सरसता और आनन्द
संस्करण : 2012

भारतीय कॉपीराइट एक्ट के अंतर्गत इस पुस्तक के तथा इसमें समाहित सारी सामग्री (रेखा व छायाचित्रों सहित) के सर्वाधिकार यूनीकॉर्न बुक्स के पास सुरक्षित हैं। इसलिए कोई भी सज्जन इस पुस्तक का नाम, टाइटल डिजाइन, अंदर का मैटर व चित्र आदि आंशिक या पूर्णरूप से तोड़-मरोड़ कर एवं किसी भी भाषा में छापने व प्रकाशित करने का साहस न करें, अन्यथा कानूनीतौर पर वे हर्जे-खर्चे व हानि के जिम्मेदार होंगे।

मुद्रक: यूनिक कलर कार्टन, मायापुरी, नई दिल्ली-110064

"Mathematics
is the gateway of all Sciences"

...

यथा शिखा मयूराणां
नागानां मणियो यथा।
तद्वत् वेदाङ्ग शास्त्राणां
गणितं मूर्धन्यवस्थितम्।।

समर्पण

आचार्य प्रवर, युग-पुरुष, महा मण्डलेश्वर
श्री श्री 108 सद्गुरु, स्वामी
परमानन्द जी "गिरि"
के चरणों में सादर समर्पित

—लायक राम शर्मा

प्रस्तावना

विश्व में आज विज्ञान इतनी तेजी से उन्नति कर रहा है कि जिसकी कल्पना भी कठिन है। इस उन्नति के पीछे यदि सबसे बड़ा योगदान किसी एक ज्ञान-राशि का है तो वह निस्संदेह "गणित" है।

गत शताब्दी के अंत तक और वर्तमान शताब्दी के प्रारंभ में ही विज्ञान की अनेक रहस्यमय खोजें उजागर हुई हैं जिन्होंने विज्ञान से अनभिज्ञ जनसाधारण का ध्यान भी अपनी ओर आकृष्ट किया है। इस सबके पीछे "गणित" का ही हाथ है।

आज गणित की प्रगति की संभावनाएँ अनन्त हैं। न्यूटन के शब्दों में–"अभी तक समुद्र के किनारे पड़े कंकड़-पत्थर ही बीन रहे हैं, अथाह जल राशि का मंथन तो अभी शेष है।"

जहां गणित का व्यावहारिक महत्त्व इतना अधिक हो गया है, वहीं अध्ययन के लिए विज्ञान की अन्य शाखाओं की भाँति बहुत बड़ी बड़ी आवश्यकताएँ सामने नहीं हैं। इसके लिए पुस्तकों और शोध-पुस्तिकाओं के अलावा और किसी सामग्री की आवश्यकता नहीं है। वे अपना मार्ग स्वयं प्रशस्त कर सकते हैं। गत अठारहवीं शताब्दी के सबसे बड़े गणितज्ञ रामानुजन धनाभाव के कारण कॉलेज की शिक्षा भी नहीं प्राप्त कर सके थे। किंतु उन्होंने हाई

स्कूल गणित की बुनियाद पर ही एक गगन–चुंबी अट्टालिका निर्मित की थी। इस उपलब्धि ने विश्व के प्रख्यात गणितज्ञों को भी हतप्रभ कर दिया था।

मेधा और जिज्ञासा, कागज और पेंसिल यदि गणितीय अन्वेषण की यही आवश्यक सामग्री है तो कोई कारण नहीं कि भारतीय गणितज्ञ संसार में कम से कम इस क्षेत्र में ऐसा योगदान न दे सकें, जिस पर भारत गर्व कर सके। मेधा समाज के सभी वर्गों में और देश के सभी कोनों में समान रूप से बिखरी पड़ी है। शिक्षा का प्रसार भी अब तीव्र गति से हो रहा है। इस स्थिति में दो आवश्यक बातें हैं। प्रथम है ज्ञान सरोवर और उसके आकांक्षी व्यक्तियों के बीच बनी भाषा की अभेद्य दीवार को तोड़ना और द्वितीय, मेधावी व्यक्तियों में सहज जिज्ञासा का बीज बोना। रामानुजन के समान न जाने कितने मेधावी बालक गांवों में हल चला रहे होंगे अथवा कारखानों में धूल और धुँआं चाट रहे होंगे। ये बालक अपनी प्रतिभा के प्रस्फुटन के लिए समुचित अवसर न पाकर इतर कार्यों में उसका अपव्यय कर रहे होंगे।

गणित के विषय में एक सामान्य धारणा है कि यह एक अत्यंत नीरस विषय है। इसका मूल कारण गणित के विषय में जन–साधारण में समुचित और यथार्थज्ञान का न होना है। इसके परिणामस्वरूप विश्वविद्यालयों में केवल वे ही विद्यार्थी गणित लेते हैं जो या तो गणित में इतनी रुचि रखते हैं कि वे कोई अन्य विषय लेने की सोच ही नहीं सकते अथवा फिर जिन्हें अन्य विषयों के पढ़ने का अवसर ही नहीं मिलता। बहुत से विद्यार्थी अज्ञान के कारण दूसरे विषयों की ओर चले जाते हैं।

यह आश्चर्य की बात है कि गणित जैसे रोचक विषय के

बारे में इतनी भ्रांतिपूर्ण धारणाएं हों। इसके लिए सबसे अधिक उत्तरदायी है, गणित के पढ़ाने का ढंग। गणित में सर्व-साधारण के लिए पुस्तकों का अभाव इसका दूसरा कारण है। भारतीय भाषाओं में जन-साधारण के लिए उपयोगी गणित की पुस्तकों का सर्वथा अभाव है। अनेक मूर्धन्य विद्वानों का प्रयास भी इस आवश्यकता को आंशिक रूप से ही पूरा कर सकेगा क्योंकि आवश्यकता और उपलब्धि के बीच की खाई बहुत ही गहरी है। यह निर्विवाद सत्य है कि जन-साधारण के लिए लिखना विद्वानों का ही काम है। फिर भी मेरे जैसे कम विद्वत्ता वाले लेखक ने यह दुस्साहस इसलिए किया है कि यदि इस भव्य इमारत में यह पुस्तक एक ऐसी ईंट का भी काम कर सके जिसे बाद में निकाल फेंक दी जाए तो भी मेरे लिए यह बड़े गर्व की बात होगी। हो सकता है कि सफलता विशेष न मिले, पर यदि उसके असफल प्रयासों पर सफलता के चरण आगे बढ़े तो वह असफलता ही सबसे बड़ी सफलता होगी। इसी भावना से यह लघु प्रयास किया जा रहा है।

मेरी इच्छा एक ऐसी पुस्तक प्रस्तुत करने की है जो ज्ञान-वर्द्धक के साथ-साथ मनोरंजक भी हो। ताकि वह जन-साधारण को गणित की ओर आकर्षित कर सके।

पुस्तक का नाम "गणित में सरसता और आनन्द" दिया गया है. इसके प्रथम अध्याय में गणितीय सौन्दर्य की व्याख्या की गई है. द्वितीय अध्याय में हम कैसे गणितीय सौन्दर्य की अनुभूति करते हैं, उदाहरण देकर समझाने की चेष्टा की गई है. तीसरे अध्याय में अंकों एवं गणितीय चिह्नों की सहायता से आकर्षक पिरामिडों की रचना की गई है. चौथे अध्याय में गणितीय

क्रियाओं–जोड़, घटाना, गुणा एवं भाग के विभिन्न उदाहरणों द्वारा जन–साधारण को गणितीय सौंदर्य की ओर आकर्षित करने का लघु प्रयास किया गया है। पांचवे अध्याय में अविश्वसनीय गुणनफल – × – = + की तालिका बनाकर पुष्टि की गई है। छठवें अध्याय में पहाड़ों का अद्‌भुत सौंदर्य दर्शाया गया है, जो प्रारंभिक कक्षा के विद्यार्थियों के लिए ज्ञानवर्द्धक एवं मनोरंजक सिद्ध होगा।

सातवें अध्याय में कुछ विशेष संख्याओं के वर्ग बनाने की सुंदर एवं सरल विधि प्रस्तुत की गई है। आठवें अध्याय में माया–वर्गों का सौंदर्य दर्शाया गया है, जो विद्यार्थियों एवं जनसाधारण के लिए समान रूप से उपयोगी है। नवें अध्याय में संख्या एवं संख्याओं का विकास तथा दसवें अध्याय में असत्य कथन को सत्य सिद्ध किया गया है। ग्यारहवें अध्याय में आध्यात्म का गणितीय विवेचन और बारहवें अध्याय में वृहत् संख्याओं से खिलवाड़ करने की चेष्टा की गई है।

तेरहवे अध्याय में अद्‌भुत अतिथि गृह और चौदहवें अध्याय में संख्या परिवार से परिचित किया गया है। पन्द्रहवें अध्याय में भारत के प्रसिद्ध गणितज्ञों के बारे में जानकारी देकर विषय की ओर आकर्षित किया गया है। सोलहवें अध्याय में भाग विधि द्वारा घनमूल निकालने की विधि बताई गई है, जो विद्यार्थियों एवं शिक्षकों के लिए समान रूप से उपयोगी सिद्ध होगी। सत्रहवें अध्याय में विभाज्यता की सरलतम विधियाँ प्रस्तुत करते हुए अभाज्य संख्या छाँटने की 'एरेटास्थेनीज की चलनी' नामक युक्ति का वर्णन किया गया है। 'माथा पच्ची' नामक अठारहवें अध्याय में प्रज्ञा प्रखर हेतु सरल प्रश्न हैं। उन्नीसवें अध्याय में मानसिक व्यायाम हेतु कुछ कठिन प्रश्न संकलित हैं। बीसवें अध्याय में

गणितीय उलझनों को सुलझाने हेतु प्रोत्साहित करने का प्रयास किया गया है।

आशा है, यह लघुकृति मेरे उस लक्ष्य को पूर्ण करने में सफल होगी जिस लक्ष्य को लेकर यह लिखी गई है। गणितीय ज्ञान अथाह है। त्रुटि होना स्वाभाविक है। किसी त्रुटि से यदि आप प्रकाशक को अवगत कराते हैं तो मैं आपका अग्रिम आभार प्रदर्शित करता हूँ।

अंत में, मैं उन सभी संसाधनों का आभारी हूँ जिनकी सहायता से इस लघु-कृति को यह रूप प्राप्त हुआ।

—लायकराम शर्मा

विषय-सूची

1. गणित, सौंदर्य और सत्य 13
2. गणितीय सौंदर्य की अनुभूति 17
3. अंकों का पिरामिड 22
4. गणितीय क्रियाओं का आनन्द 27
5. गणितीय चिन्हों का चमत्कार 31
6. पहाड़ों की सरसता 36
7. वर्ग करने की सरलतम विधियाँ 41
8. माया-वर्ग 45
9. गिनती का सौंदर्य 53
10. असत्य को सत्य सिद्ध करना 58
11. आध्यात्म का गणितीय विवेचन 61
12. वृहत् संख्याएँ 68
13. अद्‌भुत अतिथि गृह 84
14. संख्या-परिवार 89
15. भारत के प्रसिद्ध गणितज्ञ 95
16. भाग विधि द्वारा घनमूल 101
17. विभाज्यता एवं अभाज्य संख्याएँ 105
18. सरलतम माथापच्ची 111

19. मानसिक व्यायाम 114
20. गणितीय उलझनों का आनन्द 119

उत्तरमाला

अध्याय - 18 129
अध्याय - 19 130
अध्याय - 20 131

1

गणित, सौन्दर्य और सत्य

ईसा से लगभग तीन सौ वर्ष पहले की बात है। सिसली द्वीप के एक सुंदर शहर के निवासी एक दिन चकित होकर देखते हैं कि एक नंग-धड़ंग मनुष्य "यूरेका! यूरेका!" मिल गया! मिल गया! चिल्लाता हुआ बीच बाजार से दौड़ा जा रहा है। लोगों ने समझा कोई पागल होगा, किंतु जब उन्हें मालूम हुआ कि यह तो आर्कमिडीज़ है तो उनके आश्चर्य का ठिकाना न रहा।

साइराक्यूज के राजा हिरो ने सुनार को एक मुकुट बनाने के लिए कुछ सोना दिया था। जब मुकुट तैयार हो गया तो हिरो के मन में संदेह पैदा हुआ कि कहीं सुनार ने सोने में मिलावट तो नहीं कर दी है। प्रसिद्ध गणितज्ञ एवं वैज्ञानिक आर्कमिडीज़ हिरो का मित्र था। आर्कमिडीज़ को ही इस मिलावट का पता लगाने का काम सौंपा गया। बहुत दिनों तक वह इस बारे में सोचता रहा फिर भी कोई उपाय नहीं सूझा। एक दिन की बात। आर्कमिडीज़ नहाने के लिए नगर के एक सार्वजनिक स्नानागार में गया। पर यह क्या? उसके पानी में उतरते ही किनारों पर से कुछ पानी उछल गया। कारण एकदम उसकी समझ में आ गया, उसे अपनी समस्या का हल मिल गया। खुशी में पागल-सा हो वह बिना कपड़े पहने ही एकदम नगर की सड़क पर यह चिल्लाता हुआ दौड़ पड़ा "यूरेका-यूरेका!" मैंने पा लिया! मैंने पा लिया!

आर्कमिडीज़ की मृत्यु की घटना बहुत ही दिल दहलाने वाली है। मार्सेलिस ने जब साइराक्यूज पर विजय पाई तो 'गणितज्ञ आर्कमिडीज़' को देखने की बड़ी इच्छा हुई। जिस आदमी की विलक्षण बुद्धि के कारण उसे साइराक्यूज को तीन वर्ष तक घेरा डाले रहना पड़ा, उस व्यक्ति का वह सम्मान करना चाहता था। उसकी दिली इच्छा थी कि ऐसे प्रतिभाशाली गणितज्ञ-वैज्ञानिक आर्कमिडीज़ को मैं राजकीय सम्मान से सम्मानित करूं। आर्कमिडीज़ को ससम्मान बुलाने के लिए उसने एक सैनिक भेजा।

सुनहरी सांध्य बेला में आर्कमिडीज़ समुद्र-तट पर अपने विचारों में मग्न बैठा था। उसने सामने रेत पर कुछ आड़ी-तिरछी रेखाएं बना रखीं थीं। वह उन्हीं की ओर एक टक देख रहा था मानो उन्हीं में पूरा विश्व व्याप्त हो। कभी-कभी उसकी दाहिनी भुजा यंत्रवत् उठ जाती और उसकी तर्जनी किसी रेखा को रेत में और भी गहरा कर देती।

सहसा उस प्रशांत वातावरण को भेदता हुआ कहीं दूर पद-चाप हुआ। वह धीरे-धीरे तीव्रतर होता गया। पर आर्कमिडीज़ का ध्यान न टूटा। कुछ समय में एक मानव आकृति उसके और भी समीप आ गई। उसकी छाया रेत पर खिचीं रेखाओं पर पड़ी।

आर्कमिडीज़ ने बिना दृष्टि उठाए ही दृढ़ स्वर में कहा-"कौन हो तुम? सूर्य और मेरे बीच से हट जाओ।"

"सेनापति मार्सेलिस ने तुम्हें बुलाया है," सैनिक ने फौजी हुक्म सुनाया।

कौन सेनापति? कैसा हुक्म? अपनी धुन में मस्त आर्कमिडीज़ ने बिना सिर उठाए जवाब दिया।

विजयी रोमी सेना के सैनिक को यह उपेक्षा बर्दाश्त नहीं

हुई। एक तलवार उठी और उस योगी की ऐहिक लीला समाप्त हो गई। आर्कमिडीज़ लीन था गणित के विचार जगत में।

कौन-सा रहस्य है इस गणित के विचार जगत में जो मानव को आत्मसात् कर लेता है। हम इसी रहस्य के उद्‌घाटन का यहाँ प्रयास करेंगे। गणित-प्रेमियों ने गणित के विचार जगत् को अनेक संज्ञाएँ प्रदान की हैं। किसी ने उसे मानव विचारणा की अनुपम उपलब्धि कहा है, तो किसी ने उसे शुद्ध सौंदर्य का प्रतीक। किसी ने उसमें सत्य की चिरंतन ज्योति का आभास पाया, तो किसी ने उसे भगवान् की प्राप्ति का अंतिम सोपान बताया। उसके सौंदर्य की अनुभूति कर प्रेमी हर्ष से विभोर हो उठा कि सत्य और सौंदर्य के दर्शन करने हैं तो यही है वह वाटिका। उसमें विचरण मात्र ही सत्य की साधना है। गणित सत्य है, और सत्य ही ईश्वर है।

इसीलिए शुद्ध गणित के प्रेमी गणित-जगत् को स्थूल-जगत् के लिए किसी प्रकार का उपयोगी होना वाँछनीय नहीं मानते। 'स्वांतः सुखाय' साधना में ही ज्ञान उत्कृष्ट अवस्था को प्राप्त कर सकता है। आर्कमिडीज़ ने भी यही इच्छा व्यक्त की थी कि भगवान करें गणित कभी भी किसी काम न आए। ध्यान रहे कि यह आकांक्षा किसी 'निठल्ले' गणितज्ञ की नहीं थी जिसे अन्य क्षेत्रों में सम्मान या उपलब्धियाँ न प्राप्त हुई हों। आर्कमिडीज़ अपने समय के ही नहीं अपितु आज तक के सबसे बड़े वैज्ञानिकों में से एक था। प्रोफेसर हार्डी बीसवीं शताब्दी के बहुत बड़े गणितज्ञ हो गए हैं। भारतीय गणितज्ञ 'रामानुजन' को विश्व-मंच पर ला खड़ा करने का श्रेय उन्हीं को प्राप्त है। उन्होंने भी आर्कमिडीज़ की भाँति ही एक इच्छा व्यक्त की थी। उन्होंने एक बार कहा था-''मेरा

विश्वास है कि, संभवतः, मैंने अपनी जीवन में कोई 'उपयोगी' काम नहीं किया।" उन्होंने जिन विद्यार्थियों को भी दिशा-निर्देश किया था वे भी उन्हीं की भांति 'अनुपयोगी' कार्यों में ही व्यस्त रहे होंगे। यही एक शुद्ध गणितज्ञ की सबसे बड़ी साध है।

शुद्ध गणितज्ञ अपने को सौंदर्य और सत्य का पुजारी मानता है। उसके अनुसार गणित केवल विचारों से ही संबंधित होता है, स्थूल जगत् की किसी वस्तु से नहीं। विचार स्थूल-जगत् से अधिक स्थायी हैं। इसीलिए गणितीय ज्ञान चिरंतन है। 2+2=4 सदा सत्य था, वर्तमान में भी सत्य है और सदा ही सत्य रहेगा। प्रोफेसर हार्डी का कहना है कि सौंदर्य दो बातों पर निर्भर रहता है। प्रथम तो कोई वस्तु विचार-जगत् से जितनी ही अधिक संबंधित होगी वह उतनी ही अधिक सुंदर होगी। द्वितीय, वह जितनी अधिक अनुपयोगी हो उतना ही उसका सौंदर्य निखर उठता है। सौंदर्य और उपयोगिता परस्पर विरोधी हैं।

उपयोग की भावना मात्र ही सौंदर्य को नष्ट कर देती है।

गणितीय सौंदर्य को सभी लोग अनुभव कर सकते हैं और उसका आनंद उठा सकते हैं। यह अवश्य है कि यदि यह पूछा जाए कि यह सौंदर्य क्या है, उसकी परिभाषा बताना कठिन होगा। यह कठिनाई गणित के साथ ही आश्चर्यजनक नहीं है। उन सभी भावनाओं और विचारों की परिभाषा कठिन है जो मनुष्य के जीवन के अत्यन्त निकट हैं। प्रेम को ही लीजिए। प्रेम क्या है, उसकी व्याख्या असंभव-सी है। उसका अनुभव किया जा सकता है, वर्णन नहीं। वह शब्दों की श्रृंखला में बंध नहीं सकता। गणितीय सौंदर्य भी प्रेम की भाँति ही शब्दातीत है।

❑❑

2

गणितीय सौंदर्य की अनुभूति

गणितीय सौंदर्य के उदाहरण सभी जगह मिलते हैं। जब हम गणित- जगत् में पदार्पण करते हैं और उसके असीम सौंदर्य से परिचित होते जाते हैं तो संवेदनशील विद्यार्थी के आनंद का पार नहीं रहता।

कक्षा में पढ़ाया जाता है कि प्रत्येक त्रिभुज के तीनों कोणों का योग 180° के बराबर होता है। उसे इस पर एकाएक विश्वास नहीं होता। जिज्ञासु बालक अनेक छोटे-बड़े त्रिभुज बनाकर कोणों को नापता है। प्रत्येक त्रिभुज में उसे परिणाम वही मिलता है। धीरे-धीरे उसे इस गणितीय सौंदर्य की अनुभूति होती है और वह आत्म-विभोर हो जाता है।

सरलता और सौंदर्य अन्योन्याश्रित हैं। जो संबंध जितना ही सरल है वह उतना ही सुंदर है। एक अत्यंत सरल और सुंदर उदाहरण देखिए-

कोई लगातार तीन संख्याएं लें। आप देखेंगे कि बीच की संख्या का वर्ग पहली और तीसरी संख्या के गुणनफल से 'एक' अधिक है।

माना आपने तीन संख्याएं, जो कि लगातार हैं, 4, 5 तथा 6 लीं। अब उपरोक्त कथनानुसार बीच की संख्या 5 का वर्ग 25

होता है। पहली और तीसरी संख्या का गुणनफल $4 \times 6 = 24$ होता है। हम देखते हैं कि 25, 24 से 1 अधिक है।

एक अन्य उदाहरण–

माना तीन लगातार संख्याएं 11, 12 और 13 हैं।

बीच की संख्या 12 का वर्ग $= 12 \times 12 = 144$

पहली और तीसरी संख्या 11 और 13 का

गुणन $= 11 \times 13 = 143$

हम देखते हैं कि 144, जो कि बीच की संख्या का वर्ग है, 143 से, जोकि पहली और तीसरी संख्या का गुणनफल है, 'एक' अधिक है।

एक और उदाहरण–

माना लगातार संख्याएं 40, 41 और 42 हैं। बीच की संख्या 41 का वर्ग $= 41 \times 41 = 1681$ पहली और तीसरी संख्या का गुणनफल

$$= 40 \times 42 = 1680$$

हम देखते हैं कि बीच की संख्या का वर्ग 1681 पहली संख्या और तीसरी संख्या के गुणनफल 1680 से 'एक' अधिक है।

इस कथन की सत्यता के परख हेतु तथा गणितीय सौंदर्य की अनुभूति हेतु आप और भी अनेक उदाहरण ले सकते हैं।

एक और कथन देखिए–

रूढ़ संख्या (अभाज्य संख्याएं) अर्थात् वे संख्याएं जिनके 1 तथा स्वयं संख्या के अतिरिक्त कोई गुणनखण्ड नहीं हो सकते, दो वर्गों में विभाजित की जा सकती हैं।

पहले वर्ग में हम उन संख्याओं को रखते हैं जिनमें 4 का भाग देने पर 1 शेष रहता है। ये संख्याएं हैं–5, 13, 17, 29, 37, 41,............ आदि।

दूसरे वर्ग में हम उन संख्याओं को रखते हैं जिनमें 4 का भाग देने पर 3 शेष बचता है। जैसे–3, 7, 11, 19, 23, 31, ... आदि।

प्रसिद्ध गणितज्ञ फर्मा ने यह बताया कि पहले वर्ग की सभी संख्याओं को दो पूर्णांकों के वर्गों के योग के रूप में लिखा जा सकता है। जैसे–

पहले वर्ग में हमने निम्न संख्याओं का उदाहरण दिया था–

5, 13, 17, 29, 37, 41, ... आदि।

अब

$$5 = 1^2 + 2^2$$
$$13 = 2^2 + 3^2$$
$$17 = 1^2 + 4^2$$
$$29 = 2^2 + 5^2$$
$$37 = 1^2 + 6^2$$
$$41 = 4^2 + 5^2$$

पर दूसरे वर्ग की कोई भी संख्या इस प्रकार नहीं लिखी जा सकती है। आप पहले वर्ग की कुछ और अभाज्य संख्याएं लेकर इस गुण की परख कर सकते हैं तथा परिणाम वही आने पर आनंद की अनुभूति भी कर सकते हैं। पर दूसरे वर्ग की आप कोई भी संख्या लें, आप पाएँगे कि यह गुण उनमें से किसी भी संख्या में नहीं पाया जाता है। कितना सुंदर है संख्याओं का यह गुण।

एक और सरल एवं सुंदर गुणा–

विधि देखिए–

$$\begin{array}{r} 2\,5 \\ 55 \times 55 = 2\,5\,2\,5 \\ +\ \ 2\,5 \\ \hline 3\,0\,2\,5 \\ \hline \end{array}$$

यह किसी संख्या में समान अंकों के वर्ग करने की सुंदर एवं सरल विधि है। इसमें सुंदरता यह भी है कि उत्तर भी केवल एक अंक का वर्ग करके ही ज्ञात किया जा रहा है।

एक और उदाहरण देखिए–

44 × 44 अर्थात् 44 का वर्ग =

```
   16
 1616
+  16
 ----
 1936
```

यहां पहले उदाहरण में केवल 5 का वर्ग किया गया था और उसे एक विशेष प्रकार से रखा गया था। दूसरे उदाहरण 44 × 44 में भी केवल 4 के वर्ग 16 को एक विशेष प्रकार से रखकर परिणाम ज्ञात किया गया है।

एक और उदाहरण–

```
666 × 666 =     36
              3636
            363636
              3636
+               36
            ------
            443556
```

अब एक ऐसा उदाहरण देखिए जिसमें किसी संख्या का वर्ग एक अंक में आता है। जैसे 2 का वर्ग 4, 3 का वर्ग 9।

माना हम 33 का वर्ग ज्ञात करना चाहते हैं अर्थात्–

$$
\begin{array}{rl}
33 \times 33 = & 09 \\
& 0909 \\
& +09 \\
\hline
& 1089 \\
\hline
\end{array}
$$

विशेष प्रकार से रखने की विधि वही है जो 55×55 तथा 44×44 में थी।

अंतिम उदाहरण द्वारा गुणन की सरल एवं सुंदर विधि–

$$
\begin{array}{rr}
(8888)^2 = & 64 \\
& 6464 \\
& 646464 \\
& 64646464 \\
& 646464 \\
& 6464 \\
& +\quad 64 \\
\hline
& 78996544 \\
\hline
\end{array}
$$

आप भी अन्य उदाहरण लेकर इस सरलता और सुंदरता की परख कर सकते हैं। यदि आप गणितीय सौंदर्य के पारखी हैं तो अवश्य ही आनंद की अनुभूति होगी।

❑ ❑

3

अंकों का पिरामिड

इस अध्याय में हम गणित की विभिन्न क्रियाओं द्वारा अंकों के अद्‌भुत सौंदर्य की अनुभूति करेंगे–

प्राकृत संख्या 9 का सौंदर्य

$$\begin{aligned}
0 \times 9 + 1 &= 1 \\
1 \times 9 + 2 &= 11 \\
12 \times 9 + 3 &= 111 \\
123 \times 9 + 4 &= 1111 \\
1234 \times 9 + 5 &= 11111 \\
12345 \times 9 + 6 &= 111111 \\
123456 \times 9 + 7 &= 1111111 \\
1234567 \times 9 + 8 &= 11111111 \\
12345678 \times 9 + 9 &= 111111111
\end{aligned}$$

सौंदर्य का विश्लेषण–

- प्रथम दृष्ट्या यह एक पिरामिड है।
- संख्याएं (गुण्य) क्रम से लिखी गई हैं, यथा–1, 12, 123, 1234,....
- प्रत्येक में गुणक 9 है।
- ऊपर से नीचे तक गुणनफल में

क्रमशः 1, 2, 3, 4, 5, 6, 7, 8, 9 जोड़ा गया है।

– परिणाम में केवल 1, 11, 111, ...ही आया है। परिणाम में 1 उतनी ही बार आया है जितने गुण्य और गुणक के गुणनफल में अंक जोड़े गए हैं।

⇒ 9 का एक और विचित्र रूप–

$$987654321 \times 9 - 1 = 8888888888$$
$$87654321 \times 9 - 1 = 788888888$$
$$7654321 \times 9 - 1 = 68888888$$
$$654321 \times 9 - 1 = 5888888$$
$$54321 \times 9 - 1 = 488888$$
$$4321 \times 9 - 1 = 38888$$
$$321 \times 9 - 1 = 2888$$
$$21 \times 9 - 1 = 188$$
$$1 \times 9 - 1 = 08$$

पहले उदाहरण की ही तरह यदि आप इस 9 के विभिन्न गुणों का विश्लेषण करेंगे तो इसमें आपको बहुत ही सुंदरताओं की अनुभूति होगी और आप आनंद में डूब जाएंगे।

⇒ 9 का एक और तमाशा–

$$0 \times 9 + 8 = 8$$
$$9 \times 9 + 7 = 88$$
$$98 \times 9 + 6 = 888$$
$$987 \times 9 + 5 = 8888$$
$$9876 \times 9 + 4 = 88888$$
$$98765 \times 9 + 3 = 888888$$
$$987654 \times 9 + 2 = 8888888$$
$$9876543 \times 9 + 1 = 88888888$$
$$98765432 \times 9 + 0 = 888888888$$

इस पिरामिड का विश्लेषण करें। आनंद ही आनंद प्राप्त होगा।

9 का एक और चमत्कार–

$$
\begin{aligned}
111111111 \times 9 &= 0999999999\\
222222222 \times 9 &= 1999999998\\
333333333 \times 9 &= 2999999997\\
444444444 \times 9 &= 3999999996\\
555555555 \times 9 &= 4999999995\\
666666666 \times 9 &= 5999999994\\
777777777 \times 9 &= 6999999993\\
888888888 \times 9 &= 7999999992\\
999999999 \times 9 &= 8999999991
\end{aligned}
$$

विश्लेषण – गुण्य में एक ही अंक 9 बार आया है।

– गुणक 9 है (प्रत्येक गुण्य का)

– गुणनफल में दिखने को 10 अंक हैं किंतु 9 का अंक 9 बार है।

जैसे– – पहले गुणनफल में 9 का अंक 9 बार स्पष्ट है।

– दूसरे गुणनफल में 8 बार 9 एवं 1 और 8 का योगफल 9। इस प्रकार 9, 9 बार

– इसी प्रकार तीसरे गुणनफल में 8 बार 9 एवं 2 तथा 7 का योगफल 9। इस प्रकार 9, 9 बार

प्राकृत संख्या 8 का सौंदर्य–

$$
\begin{aligned}
1 \times 8 + 1 &= 9\\
12 \times 8 + 2 &= 98\\
123 \times 8 + 3 &= 987\\
1234 \times 8 + 4 &= 9876\\
12345 \times 8 + 5 &= 98765\\
123456 \times 8 + 6 &= 987654\\
1234567 \times 8 + 7 &= 9876543\\
12345678 \times 8 + 8 &= 98765432\\
123456789 \times 8 + 9 &= 987654321
\end{aligned}
$$

विश्लेषण आप स्वयं करें और आनंदित हों।

3 और 4 का चमत्कार–

$$34 \times 34 = 1156$$
$$334 \times 334 = 111556$$
$$3334 \times 3334 = 11115556$$
$$33334 \times 33334 = 1111155556$$
$$333334 \times 333334 = 111111555556$$

इसी प्रकार अंक 6 और 7 का सौंदर्य देखें–

$$7 \times 7 = 49$$
$$67 \times 67 = 4489$$
$$667 \times 667 = 444889$$
$$6667 \times 6667 = 44448889$$
$$66667 \times 66667 = 4444488889$$
$$666667 \times 666667 = 444444888889$$

अंकों का एक और अद्‌भुत सौंदर्य–

$$123456789 \times 9 = 1111111101$$
$$123456789 \times 18 = 2222222202$$
$$123456789 \times 27 = 3333333303$$
$$123456789 \times 36 = 4444444404$$
$$123456789 \times 45 = 5555555505$$
$$123456789 \times 54 = 6666666606$$
$$123456789 \times 63 = 7777777707$$
$$123456789 \times 72 = 8888888808$$
$$123456789 \times 81 = 9999999909$$

अंकों के सौंदर्य की एक और अनुभूति–

$$987654321 \times 9 = 8888888889$$
$$987654321 \times 18 = 17777777778$$
$$987654321 \times 27 = 26666666667$$
$$987654321 \times 36 = 35555555556$$
$$987654321 \times 45 = 44444444445$$
$$987654321 \times 54 = 53333333334$$
$$987654321 \times 63 = 62222222223$$
$$987654321 \times 72 = 71111111112$$
$$987654321 \times 81 = 80000000001$$

❑❑

4

गणितीय क्रियाओं का आनन्द

इस अध्याय में हम गणितीय मूलभूत क्रियाएँ यथा–जोड़, बाकी, गुणा, भाग का उपयोग करते हुए अंकों से किस प्रकार खेल कर आनंद लिया जा सकता है, इसकी सुखद एवं सुंदर अनुभूति करेंगे–

जोड़ का सौंदर्य–

$$\begin{array}{ccccccccc}
1 & 2 & 3 & 4 & 5 & 6 & 7 & 8 & 9 \\
9 & 8 & 7 & 6 & 5 & 4 & 3 & 2 & 1 \\
1 & 2 & 3 & 4 & 5 & 6 & 7 & 8 & 9 \\
9 & 8 & 7 & 6 & 5 & 4 & 3 & 2 & 1 \\
+ & & & & & & & & 2 \\
\hline
22 & 2 & 2 & 2 & 2 & 2 & 2 & 2 & 2 \\
\hline
\end{array}$$

घटाने का सौंदर्य–

$$\begin{array}{rl}
987654321 & \text{(1 से लेकर 9 तक सभी अंक)} \\
-\ 123456789 & \text{(1 से लेकर 9 तक सभी अंक)} \\
\hline
864197532 & \text{(1 से लेकर 9 तक सभी अंक)}
\end{array}$$

जिस संख्या में से हम घटा रहे हैं उसमें 9 से लेकर 1 तक

9 अंक हैं किसी भी अंक की पुनरावृत्ति नहीं हुई हैं। जिस संख्या को हम घटा रहे हैं उसमें भी 1 से लेकर 9 तक 9 अंक हैं, किसी भी अंक की पुनरावृत्ति नहीं हुई है।

घटाने पर जो परिणाम हमें प्राप्त हुआ है उसमें भी 1 से लेकर 9 तक 9 अंक हैं, किसी भी अंक की पुनरावृत्ति नहीं हुई है।

गुणा का सौंदर्य–

$$1738 \times 4 = 6952$$

आप सोचते होंगे यह तो सादा गुणा है इसमें क्या सौंदर्य है? गौर से देखने पर ज्ञात होगा कि गुण्य, गुणक तथा गुणनफल में 1 से लेकर 9 तक के सभी अंक मौजूद हैं तथा किसी भी अंक की पुनरावृत्ति नहीं हुई है। कोशिश कीजिए कि आप भी इस प्रकार का कोई रोचक उदाहरण ढूंढ़ लें।

भाग का सौंदर्य–

$$148 \div 296 + 35 \div 70 = 1$$

चूंकि गुणा के सौंदर्य की अनुभूति आप कर चुके हैं इसलिए इस भाग और जोड़ संक्रिया से आए परिणाम की भी सुंदर अनुभूति आप आसानी से कर सकेंगे। इसमें बांयी और 0 से लेकर 9 तक सभी अंक उपस्थित हैं तथा किसी भी अंक की पुनरावृत्ति नहीं हुई है।

गणितीय संक्रियाओं के कुछ अन्य रोचक उदाहरण–

(*i*) $11 + 1.1 = 11 \times 1.1$

दो संख्याओं का योग और गुणनफल बराबर है।

(*ii*) $1 \times 2 \times 3 = 1 + 2 + 3$

यहां लगातार तीन संख्याओं का योगफल और उनका गुणनफल बराबर है।

(*iii*)
$$7\times1\frac{1}{6} = 7+1\frac{1}{6}$$
$$6\times1\frac{1}{5} = 6+1\frac{1}{5}$$
$$5\times1\frac{1}{4} = 5+1\frac{1}{4}$$

आप अन्य उदाहरण लेकर रोचकता का आनंद प्राप्त कर सकते हैं।

(*iv*) $954 - 459 = 495$

तीनों संख्याओं में 4, 5 तथा 9 का अंक है।

(*v*)
$$\begin{cases} 55 = 30 + 25 \\ (55)^2 = 3025 \end{cases}$$
$$\begin{cases} 45 = 20 + 25 \\ (45)^2 = 2025 \end{cases}$$

(*vi*) $1^3 + 2^3 = (1 + 2)^2$

(*vii*) $2178 \times 4 = 8712$

गुण्य में जो संख्या है उसकी ठीक उल्टी संख्या गुणनफल में है।

(*viii*) $1089 \times 9 = 9801$

गुण्य में जो संख्या है उसमें 9 का गुणा करते ही अंक उलट गए हैं।

वृत्त की परिधि पर उपस्थिति अंकों में गुणन की छवि–

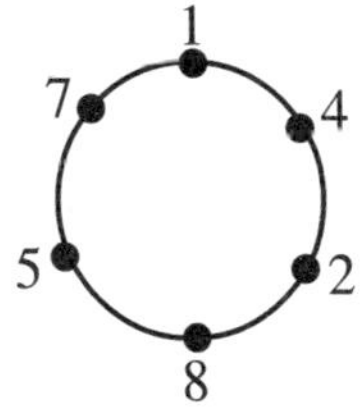

$$
\begin{aligned}
142857 \times 1 &= 142857\\
142857 \times 2 &= 285714\\
142857 \times 3 &= 428571\\
142857 \times 4 &= 571428\\
142857 \times 5 &= 714285\\
142857 \times 6 &= 857142
\end{aligned}
$$

संख्या 142857 में 1, 2, 3, 4, 5 तथा 6 का गुणा करने पर जो गुणनफल प्राप्त हुए हैं वे सभी गुणनफल वृत्त की परिधि पर घड़ी चलने की दिशा में उपस्थित मिलेंगे। आपको उन्हें गौर से खोजने की आवश्यकता है। कितना अद्‌भुत एवं सुखद सौंदर्य है।

❑❑

5

गणितीय चिन्हों का चमत्कार

गणितीय चिन्हों का अद्भुत सौंदर्यः- हम जानते हैं कि–

$$5 \times 4 = 20$$

यहां 5 और 4 धन पूर्णांक हैं

$$-5 \times 4 = -20$$

$$+5 \times -4 = -20$$

तथा $$-5 \times -4 = +20$$

$5 \times 4 = +20$ समझ में आता है।

$-5 \times 4 = -20$ होगा यह भी कोई समझाए तो समझ में आता है।

$5 \times -4 = -20$ होगा यह भी समझ में आता है। किन्तु जब यह कहा जाता है कि–

$$-5 \times -4 = +20$$

या $$-8 \times -3 = +24$$

और फिर सामान्यतः कहा जाए कि–

$$+ \times + = +$$

$$+ \times - = -$$

$$- \times + = -$$

तथा $$- \times - = +$$

तो $\quad - \times - = +$ होगा

या $\quad -5 \times -4 = +20$ होगा

या $\quad -8 \times -3 = +24$ होगा।

यह समझने में या सीखने में थोड़ा अटपटा लगता है। किंतु ऐसा होता है और यही है गणितीय चिन्हों का अद्भुत सौंदर्य कि–

$$- \times - = +$$

नीचे दी गई तालिका 5×5 की गुणन तालिका है–

तालिका–एक

← पंक्ति →

↕ स्तंभ

×	5	4	3	2	1
5	25	20	15	10	5
4	20	16	12	8	4
3	15	12	9	6	3
2	10	8	6	4	2
1	5	4	3	2	1

इस तालिका में हम देखते हैं कि स्तंभ के प्रथम अंक 5 का पंक्ति के अंकों 5, 4, 3, 2, 1 में गुणा करने पर गुणनफल क्रमशः 25, 20, 15, 10 तथा 5 आता है। इसी प्रकार स्तंभ के द्वितीय अंक 4 का पंक्ति के अंकों 5, 4, 3, 2, 1 में गुणा करने पर हम देखते हैं कि गुणनफल क्रमशः 20, 16, 12, 8 तथा 4 आया है। इसी प्रकार 3 का गुणा करने पर गुणनफल 15, 12, 9, 6, 3 तथा 2 का गुणा करने पर गुणनफल 10, 8, 6, 4 तथा 2 और 1 का गुणा करने पर गुणनफल (सबसे नीचे की पंक्ति) 5, 4, 3, 2 तथा 1 आता है।

गुणनतालिका का उपयोग कैसे करते हैं–आप समझ गए होंगे। एक दो उदाहरणों द्वारा हम इसे और स्पष्ट करना चाहेंगे।

स्तंभ के अंक 4 और पंक्ति के अंक 3 का गुणनफल स्तंभ के अंक 4 के सामने और पंक्ति के अंक 3 के नीचे जहां पर दोनों मिलते हैं 12 है अत: $4 \times 3 = 12$

इसी प्रकार स्तंभ के अंक 2 का पंक्ति के अंक 3 से गुणनफल $2 \times 3 = 6$ होगा जो कि स्तंभ के अंक के सामने और पंक्ति के अंक के नीचे है।

अब हम एक नई गुणन (×) तालिका का निर्माण करेंगे जो इस तालिका में दिए अंक के पेटर्न के आधार पर होगा।

तालिका दो

×	5	4	3	2	1	0	–1	– 2	– 3	– 4	–5
5	25	**20**	15	10	5	0	–5	– 10	–15	**– 20**	–25
4	20	16	12	8	4	0	–4	– 8	– 12	– 16	–20
3	15	12	9	6	3	0	–3	– 6	– 9	– 12	–15
2	10	8	6	4	2	0	–2	– 4	– 6	– 8	–10
1	5	4	3	2	1	0	–1	– 2	– 3	– 4	–5
0	0	0	0	0	0	0	0	0	0	0	0
– 1	– 5	– 4	– 3	– 2	– 1	0	1	2	3	4	5
– 2	– 10	– 8	– 6	– 4	– 2	0	2	4	6	8	10
– 3	– 15	– 12	– 9	– 6	– 3	0	3	6	9	12	15
– 4	– 20	– 16	– 12	– 8	– 4	0	4	8	12	16	20
– 5	– 25	**– 20**	– 15	– 10	– 5	0	5	10	15	**20**	25

आइए देखें, पेटर्न के आधार पर इस तालिका को कैसे बनाया गया है–

तालिका एक की मूल पंक्ति 5, 4, 3, 2, 1 को कम करते हुए।

5, 4, 3, 2, 1, 0, –1, –2, –3, –4, –5 तक बढ़ाया गया है।

गुणनफल की प्रथम पंक्ति जिसमें स्तंभ के प्रथम अंक 5 का गुणा मूल पंक्ति में है–पेटर्न के आधार पर तालिका एक की प्रथम पंक्ति को 5 कम करते हुए 25, 20, 15, 10, 5, 0, –5, –10, –15, –20, – 25 इस प्रकार बढ़ाया गया है।

इसी प्रकार अन्य पंक्तियों को भी पेटर्न के आधार पर बढ़ाया गया है। ध्यान रहे, यहां गुणन तालिका तो बनाई गई है किंतु गुणा करके नहीं बनाई गई–पेटर्न के आधार पर पंक्तियों को आगे बढ़ाते हुए तालिका पूर्ण की गई है। अब इस तालिका का उपयोग हम गुणन तालिका की तरह करेंगे और विभिन्न परिणामों की जांच करेंगे।

जो उदाहरण गुणन के हमने प्रारंभ में लिए थे, पहले हम उन्हीं की जांच करेंगे–

तालिका से हम देखते हैं कि $5 \times 4 = 20$ हैं।

मूल स्तंभ में सबसे नीचे –5 और मूल पंक्ति के अंक 4 का गुणनफल दोनों की सीध में हम देखते हैं कि **– 20** है–

अर्थात् $-5 \times 4 = -20$

अब हम 5×-4 का परीक्षण करें।

मूल स्तंभ में अंक 5 के सामने और मूल पंक्ति के अंक – 4 के नीचे जहां पर दोनों मिलते हैं परिणाम **– 20** है–

अर्थात् $5 \times -4 = -20$

अब जो विचित्र गुणनफल है

$-5 \times -4 = +20$ हम इसका परीक्षण करेंगे।

मूल स्तंभ के अंक – 5 के सामने और मूल पंक्ति के अंक – 4 के नीचे जहां पर दोनों मिलते हैं परिणाम **20** है–अर्थात् $-5 \times -4 = +20$

तालिका 'दो' का सामान्य परीक्षण–

तालिका में हम देखते हैं कि मूल स्तंभ के अंकों 5, 4, 3, 2, 1 का जब हम मूल पंक्ति के अंकों 5, 4, 3, 2, 1 से गुणा करते हैं तो सभी गुणनफल धनात्मक हैं–अर्थात् + × + = +

मूल स्तंभ के अंकों 5, 4, 3, 2, 1 का मूल जब हम मूल पंक्ति के अंकों –5, –4, – 2 और –1 से गुणा करते हैं तो सभी गुणनफल ऋणात्मक हैं–

अर्थात् + × – = –

इसी प्रकार मूल स्तंभ के अंकों – 5, – 4, – 3, – 2, – 1 का गुणा जब हम मूल पंक्ति के अंकों 5, 4, 3, 2, 1 से करते हैं तो गुणनफल ऋणात्मक आता है–अर्थात् – × + = –

इसी प्रकार मूल स्तंभ के अंकों –5, –4, –2, –1 का गुणा जब हम मूल पंक्ति के अंकों –5, –4, –3, –2, –1 से करते हैं तो तालिका में हम देखते हैं कि सभी गुणनफल धनात्मक हैं–अर्थात् – × – = +

यही गणितीय चिन्हों का सौंदर्य है। हम तालिका में यह भी देखते हैं कि यदि किसी संख्या का शून्य से गुणा किया जाए तो गुणनफल शून्य होता है।

❑❑

6

पहाड़ों की सरसता

पहाड़ों के अद्‌भुत सौंदर्य से परिचित कराने के पूर्व हम यह बताना आवश्यक समझते हैं कि किसी संख्या को एक अंकीय संख्या में किस प्रकार परिवर्तित किया जाता है।

एक अंकीय संख्या में परिवर्तन के कुछ उदाहरण निम्नलिखित हैं–

18 = 1 + 8 = 9 एक अंकीय संख्या

30 = 3 + 0 = 3 एक अंकीय संख्या

56 = 5 + 6 = 11 = 1 + 1 = 2 एक अंकीय संख्या

88 = 8 + 8 = 16 = 1 + 6 = 7 एक अंकीय संख्या

123 = 1 + 2 + 3 = 6 एक अंकीय संख्या

348 = 3 + 4 + 8 = 15 = 1 + 5 = 6 एक अंकीय संख्या

उपरोक्त उदाहरणों के आधार पर अब हम किसी भी संख्या को एक अंकीय संख्या में परिवर्तित कर सकते हैं–

1 का पहाड़ा

1, 2, 3, 4, 5, 6, 7, 8, 9, 10

एक अंकीय रूप 1, 2, 3, 4, 5, 6, 7, 8, 9, 1 सौंदर्य–1 से लेकर 9 तक के सभी अंक आये हैं।

2 के पहाड़े का सौंदर्य–दो का पहाड़ा निम्नानुसार है–

2, 4, 6, 8, 10, 12, 14, 16, 18, 20.

इसे एक अंकीय संख्या में परिवर्तित करने पर इसका रूप इस प्रकार बनता है–

2, 4, 6, 8, 1, 3, 5, 7, 9, 2

10 को 1 + 0 = 1 लिखा गया है।

12 को 1 + 2 = 3 लिखा गया है।

इसी प्रकार अन्य संख्याओं को एक अंकीय संख्या में परिवर्तित किया गया है–

एक अंकीय संख्या में परिवर्तित करने पर जो 2 के पहाड़े का रूप हमारे सामने आया है वह बहुत ही सुंदर है–उसमें एक से लेकर 9 तक के सभी अंक विद्यमान हैं।

3 के पहाड़े का सौंदर्य–

3 का पहाड़ा–

3, 6, 9, 12, 15, 18, 21, 24, 27, 30

एक अंकीय संख्या में परिवर्तित रूप

3, 6, 9, 3, 6, 9, 3, 6, 9, 3

प्रारंभ का और अंत का एक अंकीय मान एक ही है जो कि 3 है।

कितना सुंदर रूप है 3, 6, 9, 3, 6, 9,..........

4 के पहाड़े का सौंदर्य–

4 का पहाड़ा निम्नानुसार है–

4, 8, 12, 16, 20, 24, 28, 32, 36, 40 एक अंकीय संख्या में 4 के पहाड़े का परिवर्तित रूप–

4, 8, 3, 7, 2, 6, 1, 5, 9, 4

2 के पहाड़े की तरह ही 1 से 9 तक के सभी अंक विद्यमान हैं। 2 के पहाड़े में 2 दो बार आया था। यहां 4 का पहाड़ा है तो 4 दो बार आया है। प्रारंभ में 4 और अंत में 4 ।

5 के पहाड़े का सौंदर्य–

5, 10, 15, 20, 25, 30, 35, 40, 45, 50

एक अंकीय संख्या में परिवर्तित रूप

5, 1, 6, 2, 7, 3, 8, 4, 9, 5

वही सुंदरता जो 2 और 4 के पहाड़े में है।

6 के पहाड़े का सौंदर्य–

6 का पहाड़ा निम्नानुसार है–

6, 12, 18, 24, 30, 36, 42, 48, 54, 60

एक अंकीय संख्या में परिवर्तित रूप–

6, 3, 9, 6, 3, 9, 6, 3, 9, 6

इसकी सुंदरता वही है जो 3 के पहाड़े की है।

7 के पहाड़े का सौंदर्य–

7, 14, 21, 28, 35, 42, 49, 56, 63, 70

7 के पहाड़े का एक अंकीय संख्या में परिवर्तित रूप निम्नानुसार है–

7, 5, 3, 1, 8, 6, 4, 2, 9, 7 इसमें वही सौंदर्य झलकता है जो हमें 2, 4 और 5 के पहाड़े में प्राप्त हुआ था।

8 के पहाड़े का सौंदर्य–

8 का पहाड़ा निम्नानुसार है–

8, 16, 24, 32, 40, 48, 56, 64, 72, 80

एक अंकीय संख्या में परिवर्तित रूप–

8, 7, 6, 5, 4, 3, 2, 1, 9, 8

इसमें भी वहीं सौंदर्य है जो 2, 4, 5 और 7 के पहाड़ों में था।

9 के पहाडे का सौंदर्य–

9 के पहाड़े का सौंदर्य अद्‌भुत है–**घटत न नव के अंक ज्यों नव के लिखत पहार।** जिस प्रकार एक ईश्वरीय सत्ता से सभी चर-अचर उत्पन्न हुए है तथा सभी चर और अचरों में उसकी सत्ता समाई है किंतु दिखाई नहीं देती।

सीय-राम मय सब जग जानी।
करहुं प्रणाम जोरि जुग पानी॥

इसी प्रकार 9 के पहाड़े में 9 की सत्ता समाई हुई है–

9 का पहाड़ा निम्ननानुसार है–

9, 18, 27, 36, 45, 54, 63, 72, 81, 90

एक अंकीय संख्या में परिवर्तित करने पर 9 में पहाड़े का रूप–

9, 9, 9, 9, 9, 9, 9, 9, 9, 9

कितना अद्‌भुत सौंदर्य है।

इस पहाड़े को हम यदि आगे भी बढ़ाना चाहें तो हर बार एक अंकीय संख्या 9 ही प्राप्त होगी। जैसे–

$11 \times 9 = 99 = 9 + 9 = 18 = 1 + 8 = 9$
$12 \times 9 = 108 = 1 + 0 + 8 = 9$
$13 \times 9 = 117 = 1 + 1 + 7 = 9$
$14 \times 9 = 126 = 1 + 2 + 6 = 9$
$15 \times 9 = 135 = 1 + 3 + 5 = 9$

$32 \times 9 = 288 = 2 + 8 + 8 = 18 = 1 + 8 = 9$

इत्यादि

विभिन्न पहाड़े और उनका एक अंकीय रूप–

मूल पहाड़े 1 से लेकर 9 तक हैं। 10 एवं 10 के पश्चात् जितने भी पहाड़े आएंगे उनके एक अंकीय रूप हूबहू वही होंगे जो एक अंकीय रूप एक से लेकर 9 तक के पहाड़ों में है। यहां कुछ उदाहरणों द्वारा इस सुंदरता का आपको अनुभव प्राप्त होगा। हम पहाड़े को पहाड़ा और एक अंकीय रूप को संक्षेप में ए. अं.रू. लिखेंगे।

पहाड़ा	ए.अं.रू.	पहाड़ा	ए.अं.रू.	पहाड़ा	ए.अं.रू.	पहाड़ा	ए.अं.रू.	पहाड़ा	ए.अ.रू.
2	2	11	2	20	2	29	2	38	2
4	4	22	4	40	4	58	4	76	4
6	6	33	6	60	6	87	6	114	6
8	8	44	8	80	8	116	8	152	8
10	1	55	1	100	1	145	1	190	1
12	3	66	3	120	3	174	3	228	3
14	5	77	5	140	5	203	5	266	5
16	7	88	7	160	7	232	7	304	7
18	9	99	9	180	9	261	9	342	9
20	2	110	2	200	2	290	2	380	2

इसी प्रकार आप देखेंगे पहाड़े 1, 10, 19, 28, 37.......... के एक अंकीय रूप हूबहू एक से हैं। आप इस कथन की जांच उपरोक्त प्रकार से सारिणी बनाकर कर सकते हैं।

इसी प्रकार पहाड़े 3, 12, 21, 30, 39......... के एक अंकीय रूप भी एक जैसे ही होंगे।

अब आप स्वयं करके देखिए कि और कौन–कौन से पहाड़े ऐसे हैं जिनके एक–अंकीय रूप समान हैं तथा उनमें क्या सुंदरता है। आप इस तरह से 'पहाड़ों' में कई प्रकार से उनके सौंदर्य की झलक पा सकते हैं।

❑❑

7

वर्ग करने की सरलतम विधियाँ

इस अध्याय में हम वर्गों के अद्भुत सौंदर्य की अनुभूति करेंगे–

1. हम जानते हैं कि

$$1 \text{ का वर्ग} = 1 \times 1 = 1$$
$$11 \text{ का वर्ग} = 11 \times 11 = 121$$
$$111 \text{ का वर्ग} = 111 \times 111 = 12321$$
$$1111 \text{ का वर्ग} = 1111 \times 1111 = 1234321$$

उपरोक्त चार उदाहरणों को गौर से देखने पर आपको असीम आनंद की अनुभूति होगी। आप पेटर्न देखकर तुरंत कह सकते हैं कि 11111 का वर्ग हम बिना गुणा किए ही बता सकते हैं और वह 123454321 है–वर्गों का अनूठा और अद्भुत सौंदर्य?

2. अब उन संख्याओं का वर्ग जिनमें केवल 9 का अंक है–

$$9^2 = 81$$
$$(99)^2 = 9801$$
$$(999)^2 = 998001$$
$$(9999)^2 = 99980001$$

उपरोक्त चार उदाहरणों को गौर से देखने पर आप आनंद की सुखद अनुभूति करेंगे और आप बिना गुण। किए ही कह सकते हैं कि–

99999 का वर्ग

$(99999)^2 = 9999800001$ होगा।

3. उन संख्याओं के वर्ग जिनमें इकाई का अंक 5 हो।

$$5^2 = 25$$
$$(15)^2 = 225$$
$$(25)^2 = 625$$
$$(35)^2 = 1225$$

हमें जिस संख्या का वर्ग करना है उसमें इकाई का अंक 5 होगा। इस इकाई के अंक 5 को छोड़ दीजिए। अब जो संख्या बची उसके एक अधिक से उस संख्या का गुणा कर दीजिए, दहाई इकाई के स्थान पर इस गुणनफल के आगे 25 लिख दीजिए। यही अभीष्ट संख्या का वर्ग होगा। माना आपने संख्या 65 ली। 5 छोड़कर अंक 6 बचा। 6 से 1 अधिक 7, 6 और 7 का गुणनफल = 42, इस 42 के आगे 25 लिखने पर

अभीष्ट वर्ग = 4225

अर्थात् $(65)^2 = 4225$

कुछ अन्य उदाहरणों द्वारा आप इन समस्याओं में आनंद की अनुभूति प्राप्त कर सकते हैं।

माना हमें 115 का वर्ग करना है–5 छोड़कर संख्या बची 11, 11 में 1 जोड़ने पर 12. $11 \times 12 = 132$, इसके आगे 25 लिखने पर संख्या बनी 13225

अर्थात् $(115)^2 = 13225$

4. वर्गों का कुछ और सौंदर्य

$$1^2 = 1$$
$$2^2 = 1 + 2 + 1$$
$$3^2 = 1 + 2 + 3 + 2 + 1$$
$$4^2 = 1 + 2 + 3 + 4 + 3 + 2 + 1$$
$$5^2 = 1 + 2 + 3 + 4 + 5 + 4 + 3 + 2 + 1$$

इस विधि से किसी बड़ी संख्या का वर्ग निकालना लंबी प्रक्रिया अवश्य है। किंतु यह विधि है कितनी सरल एवं आनंददायी।

5. वर्ग संबंधी कुछ और रोचक उदाहरण–

$$3^2 = 5 + 4 = 5^2 - 4^2$$
$$5^2 = 13 + 12 = 13^2 - 12^2$$
$$7^2 = 25 + 24 = 25^2 - 24^2$$
$$9^2 = 41 + 40 = 41^2 - 40^2$$

इस विषम संख्या के वर्गों की श्रेणी को आप कहीं तक भी बढ़ा सकते हैं। जितने-जितने आप इसके गहरे में उतरेंगे उतना-उतना ही आपको आनंद प्राप्त होगा।

'जिन खोजा तिन पाहयाँ गहरे पानी पैठ', जो भय के कारण किनारे पर ही खड़े रहेंगे उनके हाथ मोती लगने वाले नहीं हैं।

6. विषम संख्याओं के योग से बने वर्ग

$$1 = 1^2$$
$$1 + 3 = 2^2$$
$$1 + 3 + 5 = 3^2$$
$$1 + 3 + 5 + 7 = 4^2$$

1 से प्रारंभ करके लगातार आप जितनी विषम संख्याएं लेंगे उन विषम संख्याओं का योग ली गई विषम संख्याओं की संख्या का वर्ग होगा।

7. वर्गों की एक और सुखद अनुभूति–

$$1^2 + 2^2 + 2^2 = 3^2$$
$$2^2 + 3^2 + 6^2 = 7^2$$
$$3^2 + 4^2 + 12^2 = 13^2$$
$$4^2 + 5^2 + 20^2 = 21^2$$

दो लगातार संख्याओं का वर्ग करें। उन दोनों लगातार संख्याओं के गुणनफल का वर्ग करें। दोनों परिणामों को जोड़ दें। ये योग दोनों लगातार संख्याओं के गुणनफल से आगे की संख्या का वर्ग होगा।

एक अन्य उदाहरण से उपरोक्त कथन को स्पष्ट समझने और अनुभूति करने का हम प्रयास करेंगे।

माना दो लगातार संख्या है 10 और 11 लीं 10 तथा 11 का गुणनफल = 110. इस गुणनफल की अगली संख्या = 111

अतः $10^2 + 11^2 + 110^2 = 111^2$

कितना सुन्दर संबंध है। सुंदर के साथ-साथ आनंददायी भी। आप अन्य उदाहरण लेकर इस अथाह आनंद सागर में डुबकी लगा सकते हैं।

8. एक और रोचक उदाहरण

$$1^3 = 1$$
$$1^3 + 2^3 = (1 + 2)^2$$
$$1^3 + 2^3 + 3^3 = (1 + 2 + 3)^2$$
$$1^3 + 2^3 + 3^3 + 4^3 = (1 + 2 + 3 + 4)^2$$

कितना रोचक है घनों का योग।

❑❑

8

माया-वर्ग

दीपावली पर लक्ष्मी पूजन के समय घरों, दुकानों, कल-कारखानों में घी और रोली, सिंदूर आदि से कुछ अंक और शब्द लिखे जाते हैं–

8	1	6
3	5	7
4	9	2

यह वर्ग अत्यंत शुभ माना जाता है। इसे घरों व दुकानों में 'श्री' वृद्धि के लिए अंकित किया जाता है। इसे माया वर्ग कहते हैं। माया लक्ष्मी का ही दूसरा नाम है। 'श्री' नाम भी लक्ष्मी का ही है। माया का अर्थ जादू भी होता है इसलिए इसे अंग्रेजी में 'मैजिक स्क्वायर' कहते हैं। इसका यह नाम इसलिए पड़ा क्योंकि इसमें प्रत्येक पंक्ति के अंकों का योग 15 है। प्रत्येक स्तम्भ के अंकों का योग भी 15 है। और प्रत्येक विकर्ण की संख्याओं का योग भी 15 है। इस प्रकार हम चाहे जिधर से भी अंकों को जोड़ें, योग 15 है। इस माया वर्ग में 9 छोटे-छोटे वर्ग हैं जिनमें शून्य को छोड़कर 1 से 9 तक के अंक प्रयुक्त हुए हैं। कोई भी अंक छूटा नहीं है और किसी भी अंक की पुनरावृत्ति नहीं हुई है।

माया-वर्ग जैसा नाम से ही स्पष्ट है, वर्गाकार आकृति का होता है। इसमें कई छोटे वर्ग मिलकर एक बड़ी वर्गाकार आकृति का निर्माण करते हैं। पूरे वर्गों की संख्या एक पंक्ति के वर्गों की वर्ग होती है। जैसे ऊपर के उदाहरण में प्रत्येक पंक्ति या स्तम्भ में 3 वर्ग हैं तथा कुल वर्गों की संख्या 9 है।

सुविधा के लिए किसी माया-वर्ग को उसकी पंक्ति या स्तंभ में वर्गों की संख्या की श्रेणी का कहते हैं। इस प्रकार 9 वर्गों के माया-वर्ग को तीसरी श्रेणी का माया-वर्ग कहेंगे। इसी प्रकार 16 वर्गों के माया-वर्ग को चुतर्थ श्रेणी का .... इत्यादि।

खजुराहो का पिशाच माया वर्ग–

दुनिया का सबसे पुराना चतुर्थ श्रेणी का माया-वर्ग खजुराहो के प्रसिद्ध मंदिर में लगभग बारहवीं शताब्दी में बनाया गया था। इसकी प्रत्येक पंक्ति, स्तंभ व विकर्ण के अंकों का योग 34 है। इस माया-वर्ग में कुछ और विशेषताएं भी है। इसके खंडित विकर्णों

7	12	1	14
2	13	8	11
16	3	10	5
9	6	15	4

का योग भी 34 है। इस प्रकार के एक टूटे विकर्ण के अंक हैं 1, 11, 16, 6 दूसरे के हैं 12, 2, 5, 15 इन सभी का योग 34 ही है। इस प्रकार के माया-वर्ग को पिशाच माया-वर्ग कहते हैं। इन पिशाच माया-वर्गों की विशेषता यह है कि यदि हम सबसे ऊपर

की पंक्ति के अंकों को स्थानापन्न कर सबसे नीचे एक नई पंक्ति बनाकर रख दें, तो भी जो नया वर्ग बनेगा, वह भी एक पिशाच माया-वर्ग ही होगा। इसी प्रकार सबसे नीचे की पंक्ति को सबसे ऊपर स्थानापन्न कर दें या दाहिनी ओर के स्तंभ को सब से बांयी

7	12	1	14
2	13	8	11
16	3	10	5
9	6	15	4
7	12	1	14

7	12	1	14	7
2	13	8	11	2
16	3	10	5	16
9	6	15	4	9

ओर या सबसे बांयी ओर के स्तंभ को सबसे दाहिनी ओर स्थानापन्न कर दें तब भी नया वर्ग सदा ही एक माया-वर्ग होगा और यह पिशाच वर्ग भी होगा।

इस माया-वर्ग में कुछ और माया भी हैं। चारों कोनों के अंकों को जोड़ें 7, 14, 4, 9 तो भी जोड़ 34 ही होगा। इसी प्रकार पहली पंक्ति के अंतिम दो अंक (1, 14) और अंतिम पंक्ति के अंतिम दो अंक (15, 4) का योग भी 34 ही है। वर्ग के बीच में चारों वर्गों के अंक (13, 8, 10, 3) का योग भी 34 ही है। यही है माया-वर्ग का सौंदर्य और उसकी सुखद अनुभूति।

सम्मित माया वर्ग का सौंदर्य–

यह माया-वर्ग पश्चिम का सबसे प्राचीन माया-वर्ग है। यह माया-वर्ग भारतीय माया-वर्ग की भांति सर्व विकर्ण नहीं है। यह हम कुछ संख्याओं को जोड़कर देख सकते हैं। परन्तु इसमें एक और विशेषता

है। इसमें विपरीत कोनों के अंकों का योग 16 + 1 अन्य दो विपरीत कोनों के अंकों के योग 13 + 4 के बराबर है।

16	3	2	13
5	10	11	8
9	6	7	12
4	15	14	1

यही नहीं, अन्य विपरीत दिशाओं में अवस्थित अंकों यथा 5 + 12, 9 + 8, 15 + 2, 14 + 3 सभी का योग 17 ही है। इस वर्ग में किन्हीं भी दो कोनों का योग अचर रहता है। और इसी कारण कई अन्य चतुर्वर्ग समूह के अंकों का योग 34 ही होता है। यथा 16 + 13 + 1 + 4, 5 + 8 + 12 + 9, 16 + 3 + 10 + 5, 10 + 11 + 7 + 6 इत्यादि। इस प्रकार के माया-वर्ग को सम्मित माया-वर्ग कहते हैं।

पंचम श्रेणी का माया-वर्ग–

आपको तीसरी श्रेणी और चतुर्थ श्रेणी के माया-वर्ग देखने को मिले होंगे किंतु पंचम श्रेणी का माया-वर्ग शायद ही देखने को मिला हो।

17	24	1	8	15
23	5	7	14	16
4	6	13	20	22
10	12	19	21	3
11	18	25	2	9

इस माया-वर्ग में छोटे-छोटे 25 वर्ग हैं जिनमें 1 से 25 तक के अंक हैं। इसकी प्रत्येक पंक्ति, स्तंभ व विकर्णों के अंकों का योग 65 है।

षष्ठम श्रेणी का माया-वर्ग–

ज्ञान और जिज्ञासा में जिज्ञासा का पलड़ा भारी है। यदि जिज्ञासा है तो ज्ञान प्राप्त होने की संभावना है। परंतु ज्ञान का अगाध समुद्र भी जिज्ञासा के बिना निरर्थक है। ज्ञान स्वयं में अपूर्ण है। वह सीमित अचल स्थिति का द्योतक है, परन्तु जिज्ञासा निर्बाध अनन्त की।

आपने षष्ठम श्रेणी का माया-वर्ग नहीं देखा होगा किंतु आपमें यदि जिज्ञासा है तो आप किसी भी श्रेणी के माया-वर्ग की रचना कर सकते हैं।

1	34	33	32	9	2
29	11	18	20	25	8
30	22	23	13	16	7
6	17	12	26	19	31
10	24	21	15	14	27
35	3	4	5	28	36

इस माया-वर्ग में 1 से लेकर 36 तक अंक होते हैं। 36 छोटे-छोटे वर्ग मिलकर एक नए आकार का माया-वर्ग बनाते हैं। जिसे षष्ठम श्रेणी का माया-वर्ग कहते हैं। इसकी प्रत्येक पंक्ति, स्तंभ व विकर्णों के अंकों का योग 111 होता है।

सप्तम, अष्ठम व नवम् श्रेणी के माया-वर्ग जब पंचम व षष्ठम श्रेणी के माया-वर्ग ही दुर्लभ हैं तो सप्तम, अष्ठम,

नवम श्रेणी के माया-वर्ग तो और भी दुर्लभ होगें। किंतु हम आपको सप्तम, अष्ठम एवं नवम श्रेणी के माया-वर्गों के सौंदर्य की भी अनुभूति कराएंगे-

सप्तम श्रेणी का माया वर्ग-

30	39	48	1	10	19	28
38	47	7	9	18	27	29
46	6	8	17	26	35	37
5	14	16	25	34	36	45
13	15	24	33	42	44	4
21	23	32	41	43	3	12
22	31	40	49	2	11	20

छोटे वर्गों की संख्या = 49

अंक 1 से लेकर 49 तक

प्रत्येक पंक्ति, स्तंभ व मुख्य विकर्णों के अंकों का योग = 175

अष्ठम् श्रेणी का माया-वर्ग-

1	48	31	50	33	16	63	18
30	51	46	3	62	19	14	35
47	2	49	32	15	34	17	64
52	29	4	45	20	61	36	13
5	44	25	56	9	40	21	60
28	53	8	41	24	57	12	37
43	6	55	26	39	10	59	22
54	27	42	7	58	23	38	11

छोटे वर्गों की संख्या = 64

अंक 1 से लेकर 64 तक

प्रत्येक पंक्ति, स्तंभ व मुख्य विकर्णों के अंकों का योग = 260

नवम् श्रेणी का माया-वर्ग–

47	58	69	80	1	12	23	34	45
57	68	79	9	11	22	33	44	46
67	78	8	10	21	32	43	54	56
77	7	18	20	31	42	53	55	66
6	17	19	30	41	52	63	65	76
16	27	29	40	51	62	64	75	5
26	28	39	50	61	72	74	4	15
36	38	49	60	71	73	3	14	25
37	48	59	70	81	2	13	24	35

कुल छोटे वर्गों की संख्या = 81

अंक 1 से लेकर 81 तक

प्रत्येक पंक्ति, स्तंभ तथा मुख्य विकर्णों के अंकों का योग = 369

माया-वर्गों के बारे में कुछ और–

श्री निवास रामानुजन ने प्रयुक्त अंकों पर कुछ कम प्रतिबंध लगाकर कुछ रुचिकर वर्गों का निर्माण किया। यदि तृतीय श्रेणी के वर्ग में 1 से 15 तक की सभी संख्याओं के प्रयोग का प्रतिबंध हटा दें तो कुछ वर्ग इस प्रकार बन सकते हैं–

1. स्तंभ, पंक्ति और विकर्ण के अंकों का योग 27 हो तथा केवल विषम अंक ही प्रयुक्त हो।

15	1	11
5	9	13
7	17	3

2. स्तंभ, पंक्ति और विकर्ण के अंकों का योग 36 हो तथा केवल सम अंक ही प्रयुक्त हो।

14	4	18
16	12	8
6	20	10

यही है माया-वर्गों का अद्भुत सौंदर्य।

❑ ❑

9

गिनती का सौंदर्य

शून्य और नौ अंकों 1, 2, 3, 4, 5, 6, 7, 8, 9 के आधार पर जो संख्या-लेखन-प्रणाली है उसे हम दाशमिक संख्या-लेखन-प्रणाली कहते हैं। इसकी आधार संख्या दस है। हमारी संख्या पद्धति में संयोग से उतने ही संख्या शब्द हैं जितनी सामान्यत: हमारे हाथ में अंगुलियाँ हैं। यदि हम हिंदी की जननी संस्कृत के संख्या शब्दों को देखें तो पाएंगे कि उसमें भी दशाधारी शब्द हैं।

एकम्, द्वि, त्रीण, चत्वारि, पंचम्, षष्ठम्, सप्तम्, अष्ठम्, नवम् एवं दशम्। ये तो हैं पहले दस संख्या शब्द जो एक दूसरे पर अवलंबित नहीं हैं परंतु इसके आगे की सभी संख्याएं इन्हीं दस शब्दों के आधार पर बनी हैं, जैसे–

एकादश	=	एकम् + दशम्	=	1 + 10
द्वादश	=	द्वि + दशम्	=	2 + 10
अष्ठादशम	=	अष्ठम् + दशम्	=	8 + 10
ऊन विंशति	=	विंशति – एकम्	=	20 – 1

बीस के लिए एक नया शब्द विंशति आया है और पुन: एक, दो जोड़कर आगे की संख्याएं बनाई गई हैं।

सामान्यत: एक से सौ तक की संख्याओं को जो प्रारंभिक कक्षाओं में पढ़ाई जाती हैं, हम 'गिनती' कहते हैं। पहाड़े की

पुस्तक, जो बाजार में बिकती है, उसमें सामान्यत: 1 से 40 तक पहाड़े होते हैं।

हमें नहीं मालूम कि मनुष्य ने सबसे पहले कब भाषा द्वारा आपस में विचारों का आदान-प्रदान करना आरंभ किया, पर ऐसा संभव है कि शब्दों का बोलना पहले शुरू हुआ होगा और उसका लिखना बाद में। इसी प्रकार संख्या शब्दों का उपयोग पहले प्रारंभ हुआ होगा और उसके लिए संख्या संकेत, जिन्हें हम संख्यांक कहते हैं, बाद में ही आए होंगे। दो शब्द या संख्या के लिए संकेत या संख्यांक 2 लिखना बहुत देर में ही सीखा होगा।

विश्व की वर्तमान अंक प्रणाली का जन्म भारत में हुआ। यहां से वह अरब देशों में होती हुई यूरोप के देशों तक पहुंची। इसलिए प्रचलित अंकों को पश्चिम में बहुधा अरब संख्याँकों की संज्ञा दी जाती है। हमारी अंक प्रणाली की विशेषता यह है कि केवल दस संख्याओं की सहायता से पूरे संख्या समुदाय को लिखा जा सकता है। ये सुपरिचित संख्यांक हैं–0, 1, 2, 3, 4, 5, 6, 8, 9।

शून्य भी एक संख्यांक है, इसका सहसा आभास नहीं होता। हम साधारण रूप में गणना का प्रारंभ भी 1 से ही करते हैं। ऐसी स्थिति में शून्य को भूल जाना स्वाभाविक ही है। परंतु वास्तविकता यह है कि गणना में पहला अंक 'शून्य' ही है और यही भारतीय संख्या चिन्हों की सबसे बड़ी विशेषता है।

शून्य की परिकल्पना समाज और सभ्यता के विकास की एक उन्नत दशा में ही हो सकती है। एक सूर्य, दो नेत्र, पाँच अंगुलियाँ तो सभी को स्पष्ट दिखाई पड़ते हैं और उनके लिए आदिम अवस्था में भी शब्द रचना हो गई होगी। परन्तु किसी भी वस्तु का न होना और उस अवस्था को किसी संकेत विशेष द्वारा

निरूपित करना मानव विचारणा में एक क्रांतिकारी कदम था। यह तभी संभव हो सका जब उसे अमूर्त विषयक सोचने की क्षमता प्राप्त हो गई। अभाव अथवा शून्य का प्रतिनिधि '0' स्वयं एक गोलाकार रूप में बनाया गया। यदि मूर्त रूप से देखा जाए तो '0' यह नया चिन्ह स्वयं एक निश्चित वस्तु है। भारतीय गणितज्ञों ने शून्य को भी उस प्रकार एक रूप दिया जिस प्रकार निराकार ब्रह्म को साधना की सुलभता के लिए साकार रूप में प्रतिस्थापित किया गया।

मूल संख्यांक 0, 1, 2, 3, 4, 5, 6, 7, 8, 9 गिनती में दस हैं, इनका विकास क्रमिक हुआ। सबसे पहले एक वस्तु के लिए 1 लिखना अर्थात् 1 संकेत या संख्यांक का प्रादुर्भाव हुआ। इसके कई वर्ष पश्चात् संख्या या शब्द 'दो' के लिए संकेत या संख्यांक 2 से हम परिचित हुए। इसी प्रकार जैसे-जैसे आवश्यकता बढ़ती गई अन्तराल से क्रमशः 3, 4, 5, 6, 7, 8 एवं 9 संकेत या संख्याँक रूप में क्रमशः तीन, चार पांच, छः, सात, आठ एवं नौ के लिए प्रयुक्त हुए। भारत में ही इन सबके पश्चात् शून्य के लिए '0' संकेत या संख्याँक की खोज हुई। इसके पश्चात् संख्याओं के विकास में एक क्रांतिकारी परिवर्तन आया तथा दाशमिक प्रणाली प्रचलन में आई। इस पद्धति एवं इन 10 संकेतों के अतिरिक्त अब बड़ी से बड़ी संख्या लिखने के लिए नए संकेतों की आवश्यकता नहीं रह गई।

शून्य, एक, दो, तीन, चार, पांच, छः, सात, आठ, नौ इन संख्याओं या शब्दों के लिए क्रमशः 0, 1, 2, 3, 4, 5, 6, 7, 8 तथा 9 संकेत या संख्यांक हैं। अब आगे की संख्या दस, जिसका नाम दार्शनिक प्रणाली के आधार पर रखा गया, का संकेत 10 मान

लिया गया। आगे की सभी संख्याओं के नाम हिंदी की जननी संस्कृत के समान रखे गए। यथा–

ग्यारह	=	एक	+	दस	=	1 + 10
बारह	=	दो	+	दस	=	2 + 10
अठारह	=	आठ	+	दस	=	8 + 10
उन्नीस	=	बीस	–	एक	=	20 – 1
बीस	=	शून्य	+	बीस	=	0 + 20
एक्कीस	=	एक	+	बीस	=	1 + 20
बाईस	=	दो	+	बीस	=	2 + 20
उन्तीस	=	तीस	–	एक	=	30 – 1

यहां संख्याएं क्रमशः आगे बढ़ रही हैं किंतु संकेत केवल दस ही हैं यथा 0, 1, 2, 3, 4, 5, 6, 7, 8, 9।

संख्याओं के नाम के शब्द बदल रहे हैं। बीस, तीस, चालीस, पचास, साठ, सत्तर, अस्सी, नब्बे आदि नए शब्द हैं।

संख्याएं उन्नीस, उन्तीस, उन्तालीस, उन्चास, उनसठ, उनहत्तर उन्यासी लीक से हटकर हैं। अन्य संख्याओं में हमें जहां 1, 2, 3, 4, 5, 6, 7 तथा 8 जोड़ने पड़ते हैं वहीं इन विशेष संख्याओं में एक (1) घटाना पड़ता है यथा–

उन्नीस	=	बीस	–	एक	=	20 – 1
उन्तीस	=	तीस	–	एक	=	30 – 1
उन्तालीस	=	चालीस	–	एक	=	40 – 1
उन्यासी	=	अस्सी	–	एक	=	80 – 1

'उन' का तात्पर्य एक कम करना है–उन्तीस का अर्थ तीस में से एक कम, उनसठ का अर्थ साठ में से एक कम।

नवासी तथा निन्यानवे को सामान्यतः उसी प्रकार लिखा गया है जैसे चौबीस या छत्तीस, यथा–

चौबीस	=	चार	+	बीस	=	4	+	20
छत्तीस	=	छः	+	तीस	=	6	+	30
नवासी	=	नौ	+	अस्सी	=	9	+	80
निन्यानवे	=	नौ	+	नब्बे	=	9	+	90

इस प्रकार हम देखते हैं कि असंख्य संख्याओं का नामकरण दस मूल संख्यांक 0, 1, 2, 3, 4, 5, 6, 7, 8, 9 एवं 90 अन्य संख्याओं दस, ग्यारह, बारह, तेरह .... बीस ... तीस ... निन्यानवे के आधार पर हुआ है।

इस प्रकार हम देखते हैं कि शून्य से लेकर निन्यानवे तक 100 नाम हैं जिनके आधार पर असंख्य संख्याओं को नाम हम दे सकते हैं। आगे की संख्याओं को लिखने के लिए हमें सौ, हजार, लाख, करोड़, अरब, खरब, नील, पदम, शंख आदि शब्दों का आश्रय लेना होगा।

❑ ❑

10

असत्य को सत्य सिद्ध करना

अध्याय का नाम "असत्य को सत्य सिद्ध करना" पढ़कर आप आश्चर्य चकित होंगे कि असत्य तो असत्य ही रहेगा उसे कभी सत्य सिद्ध किया जा सकता है? यहां हम सफेद झूठ को सत्य सिद्ध करके यही बताने की चेष्टा करेंगे कि कुछ गणितीय त्रुटियों की अनदेखी के कारण असत्य भी सत्य सिद्ध हो जाता है।

1. $4 = 5$ सिद्ध करना

   हम जानते हैं कि $4 = 5$ नहीं होता किंतु इस झूठ को, इस असत्यता को हम सत्य सिद्ध करेंगे। सत्य सिद्ध करने में निश्चित ही हम कोई गणितीय त्रुटि करेंगे, उसी गणितीय त्रुटि की परख आप करेंगे और परख करते ही गणितीय सौंदर्य की सुखद अनुभूति करेंगे–

   हम जानते हैं कि

   $$16 - 36 = 25 - 45$$

   दोनों ओर $\frac{81}{4}$ जोड़ने पर

   $$16 - 36 + \frac{81}{4} = 25 - 45 + \frac{81}{4}$$

   या $(4)^2 - 2 \times 4 \times \frac{9}{2} + \left(\frac{9}{2}\right)^2$

   $$= (5)^2 - 2 \times 5 \times \frac{9}{2} + \left(\frac{9}{2}\right)^2$$

या $$\left(4-\frac{9}{2}\right)^2 = \left(5-\frac{9}{2}\right)^2$$

$\left[a^2 - 2ab + b^2 = (a-b)^2\right]$ सूत्र से

या $$4-\frac{9}{2} = 5-\frac{9}{2}$$

या $4 = 5$ सिद्ध हुआ।

2. $2 = 1$ सिद्ध करना।

इसे हम उस विधि से भी सिद्ध कर सकते हैं जिस विधि से अभी $4 = 5$ सिद्ध किया है। किंतु इसे यहां हम अन्य बीज गणितीय विधि से हल करेंगे–

माना अ = ब

दोनों ओर अ से गुणा करने पर

अ × अ = ब × अ

या अ^2 = अ ब

दोनों ओर से ब^2 घटाने पर

अ^2 – ब^2 = अब – ब^2

या(अ + ब)(अ – ब) = ब (अ – ब)

या अ + ब = ब

या ब + ब = ब [∵ अ = ब माना है]

या 2ब = ब

या $2 = 1$ सिद्ध हुआ।

3. सिद्ध करना कि $2 > 3$ [2 बड़ा है 3 से]

हम जानते हैं कि

$$\frac{1}{4} > \frac{1}{8}$$

$$\Rightarrow \quad \left(\frac{1}{2}\right)^2 > \left(\frac{1}{2}\right)^3$$

$$\Rightarrow \quad \log\left(\frac{1}{2}\right)^2 > \log\left(\frac{1}{2}\right)^3$$

$$\Rightarrow \quad 2\log\left(\frac{1}{2}\right) > 3\log\left(\frac{1}{2}\right)$$

$\Rightarrow$ $2 > 3$ सिद्ध हुआ।

4. सिद्ध करना 1 रुपया = 1 पैसा

हम जानते हैं कि

1 रुपया = 100 पैसे

= 10 पैसे × 10 पैसे

$= \frac{10}{100}$ रु. $\times \frac{10}{100}$ रु.

[पैसों को रुपए में बदलने के लिए 100 का भाग]

$= \frac{1}{10}$ रु. $\times \frac{1}{10}$ रु.

$= \frac{1}{100}$ रु.

$= \frac{100}{100}$ पैसा [रु. को पैसों में बदलने के लिए

100 का गुणा]

= 1 पैसा सिद्ध हुआ।

❑❑

11

आध्यात्म का गणितीय विवेचन

सामान्यतः 'माला' में 108 मनका या गुरिया होते हैं। वैसे माला 11, 51, 1008, ... आदि मनकों की भी बनती है, बनाई जा सकती है किंतु लगभग निन्यानवे प्रतिशत मालाएं 108 गुरियों की ही होती हैं। सिद्ध पुरुषों के नाम के पहले 'श्री श्री 108' लगाने की भी प्रथा है। अब 'श्री श्री 1008' भी लगाने लगे हैं–सिद्ध पुरुष को और अधिक महत्त्व देने के लिए। किंतु पहले 'श्री श्री 108' ही लिखा जाता था। जैसे 'श्री श्री 108 स्वामी परमानंद जी महाराज', 'श्री श्री 108 स्वामी ... जी महाराज' आदि, आदि।

अब प्रश्न उठता है कि माला में सामान्यतः 108 मनके ही क्यों होते हैं, 'श्री श्री 108' क्यों लगाते हैं। 108 चूंकि गणितीय संख्या है इसलिए मनोरंजन के लिए हम इस 108 के गणितीय सौंदर्य की विवेचना करेंगे। 108 संख्या 'ब्रह्म' की द्योतक है। यह 108 संख्या ब्रह्म की द्योतक किस प्रकार है, यह विवेचना करने से पूर्व हम आपको स्वर एवं व्यंजनों के क्रम के बारे में बताना आवश्यक समझते हैं।

हिंदी वर्णमाला में पहले 16 स्वर होते थे अब मुख्यतः 12 स्वर हैं। इसलिए पहाड़े की पुस्तक में बारहखड़ी लिखी रहती हैं जैसे–

क का कि की कु कू के कै को कौ कं कः
ख खा खि खी खु खू खे खै खो खौं खं खः

....

प्रचलित स्वर 12 हैं, जिनकी मात्राएं क्रमशः निम्न प्रकार हैं–

–, ा, ि, ी, ु, ू, े, ै, ो, ौ, ं, ः

व्यंजन 36 हैं। 'क' पहला व्यंजन है, 'ख' दूसरा व्यंजन है 'ग' तीसरा व्यंजन है, 'ब' 23वां व्यंजन है, 'र' 27वां व्यंजन है आदि, आदि। अब आप जब स्वर और व्यंजनों के क्रम के बारे में समझ चुके हैं, हम ब्रह्म की विवेचना करेंगे–

ब्रह्म, ब, र, ह, और म व्यंजनो से मिलकर बना है।

'ब' व्यंजन का 23वां अक्षर है।
'र' व्यंजन का 27वां अक्षर है।
'ह' व्यंजन का 33वां अक्षर है।
तथा 'म' व्यंजन का 25वां अक्षर है।

यदि इन सभी अक्षरों के क्रम को जोड़ें तो हम देखते हैं कि

ब + र + ह + म = 23 + 27 + 33 + 25
= 108

इसीलिए माला में 108 मनका होते हैं और इसीलिए सिद्ध, ब्रह्मनिष्ठ संतों के नाम के पहले 'श्री श्री 108' लिखते हैं।

यह है अध्यात्म का गणितीय सौंदर्य, जिसे हम गणित का आध्यात्मिक सौंदर्य भी कह सकते हैं। आइए, अब थोड़ा 'सीताराम' की भी गणितीय विवेचना कर ली जाए।

'सीताराम' जिन स्वरों एवं व्यंजनों की सहायता से बना है वे इस प्रकार हैं–

सी = स + ई

ता = त + आ

रा = र + आ

म = म

'स' व्यंजन का 32वां अक्षर है।

'ई' स्वर के चौथे क्रम पर है।

'त' व्यंजन का 16वां अक्षर है।

'आ' स्वर के दूसरे क्रम पर है।

'र' व्यंजन का 27वां अक्षर है।

'आ' स्वर के दूसरे क्रम पर है।

'म' व्यंजन का 25वां अक्षर है।

अर्थात्

सीताराम = स + ई + त + आ + र + आ + म

= 32 + 4 + 16 + 2 + 27 + 2 + 25

= 108

अर्थात् 108 संख्या अद्‌भुत संख्या है यह 'सीताराम' में भी समाई है या यह कहें कि 108 में सीताराम समाए हैं या यो कहें कि ब्रह्म ही 'सीताराम' हैं या 'सीताराम' ही ब्रह्म हैं।

कितना अद्‌भुत है यह गणित का आध्यात्मिक सौंदर्य।

अब 'सीताराम' में सीता तथा राम के अलग-अलग व्यंजनों एवं स्वरों के क्रम की भी हम झाँकी देखें। हम देखते हैं कि–

सीता = स + ई + त + आ

= 32 + 4 + 16 + 2

= 54

$$राम = र + आ + म$$
$$= 27 + 2 + 25$$
$$= 54$$

अर्थात् जब सीता और राम दोनों मिलते हैं तभी 'ब्रह्म' होते हैं। 'सीता' तथा राम दोनों आपस में भी बराबर-बराबर हैं, सीता ही राम हैं और राम ही सीता है।

हमने 'सीताराम' का गणितीय सौंदर्य देखा, अब हम चाहेंगे कि 'राधेश्याम' का भी गणितीय सौंदर्य देखा जाए। राधेश्याम की विवेचना के पूर्व हम आपको यह बताना चाहेंगे कि भगवान के अनंत नाम होते हैं–'हरि अनंत हरि कथा अनंता', राधा के भी कई नाम हैं, कृष्ण के भी कई नाम हैं। हम विवेचना उन नामों की करेंगे जो उनके मूलनाम हैं। उनके मूलनाम राधिका और किशन है। राधिका और किशन निम्न व्यंजनों और स्वरों से मिलकर बने हैं–

रा = र + आ
धि = ध + इ
का = क + आ
कि = क + इ
श = श
न = न

'र' व्यंजन का 27वां अक्षर है
'आ' स्वर के दूसरे क्रम पर है।
'ध' व्यंजन का 19वां अक्षर है।
'इ' स्वर के तीसरे क्रम पर है।
'क' व्यंजन का पहला अक्षर है।

'आ' स्वर के दूसरे क्रम पर है।

'क' व्यंजन का पहला अक्षर है।

'इ' स्वर के तीसरे क्रम पर है।

'श' व्यंजन का 30वां अक्षर है।

'न' व्यंजन का 20वां अक्षर है।

अर्थात्

राधिका-किशन

= र + आ + ध + इ + क + आ + क + इ + श + न

= 27 + 2 + 19 + 3 + 1 + 2 + 1 + 3 + 30 + 20

= 108

अर्थात् 108 संख्या अद्‌भुत संख्या है। यह राधिका किशन में समाई है या यों कहें राधिका किशन ही 108 में पूरी तरह समाए हैं या यों कहें कि राधिका किशन ही ब्रह्म हैं या यों कहें कि ब्रह्म ही राधिका किशन के रूप में अवतरित हुए हैं।

जिस प्रकार हमने सीता और राम में देखा है कि प्रत्येक का विवेचन 54, 54 है, दोनों बराबर हैं, दोनों मिलकर ब्रह्म हैं। यहां भी हम देखते हैं कि राधिका व किशन दोनों बराबर, न कोई कम न कोई ज्यादा।

राधिका = र + आ + ध + इ + क + आ

= 27 + 2 + 19 + 3 + 1 + 2

= 54

तथा किशन = क + इ + श + न

= 1 + 3 + 30 + 20

= 54

यह है गणित का आध्यात्मिक सौंदर्य।

हर नाम में 'राम'–

नाम के अक्षर 'वेद' गुने करि,
फेरि जतन सों 'तत्व' मिलावे।
तत्व मिलाय के दूने करे फिर
वामे 'वसुको भाग' लगावे
भाग लगाय जो शेष बचे 'दो'
हर नाम में 'राम' का वास बतावे।
जिसके निशिदिन जाप करनते।
मनुआँ मन वांछित फल पावे।

कोई भी नाम लो, कितने भी अक्षर का नाम लो, नाम को पूर्ण अक्षरों में बोलो। माना आपने नाम लिया 'आमोद', आमोद में तीन अक्षर हैं। इस तीन का 'वेद' गुना माने 4 गुना करें। वेद चार है अतः वेद गुना माने 4 गुना, चार गुना हुआ 12, अब इसमें 'तत्व' 5 मिलावे। तत्व 5 हैं। $12 + 5 = 17$, तत्व मिला के दूने करें अर्थात् $17 \times 2 = 34$ ।

अब इसमें 'वसु' माने 8, क्योंकि वसु 8 हैं। 8 का भाग लगावें। 8 का भाग 34 में देने पर शेष '2' बचते हैं। ये 'दो' अक्षर रा और म हैं, जिसके सतत जाप से प्राणी का उद्धार होता है।

माना आपने नाम लिया 'अवनीश' अवनीश में 4 अक्षर है।

4 का वेद गुना 16, 16 में 'तत्व' मिलाने पर $16 + 5 = 21$. 21 का दूना हुआ 42, 42 में 8 का भाग देने पर शेष बचे 'दो' जो कि रा और म हैं अर्थात् प्रत्यक 'नाम' में 'राम' का वास है।

अभाज्य संख्याओं का आध्यात्मिक सौंदर्य–

अभाज्य संख्याएं वे संख्याएं हैं जो 1 और सँख्या स्वयं को छोड़कर अन्य किसी सँख्या से पूर्णतया विभाजित नहीं होतीं। जैसे–

2, 3, 5, 7, 11, 13, 17, 19, 23, 29, ... आदि अभाज्य संख्याएँ हैं। अभाज्य संख्याएं अनंत हैं। हम केवल 8 से बड़ी अभाज्य संख्याओं के बारे में चर्चा करेगें-

तीन से बड़ी अभाज्य लेउ
फिर वाकों वर्ग करो चित लाई।
वर्ग बनाय के फल जो आवे,
वामे 'वसु-निधि' देउ मिलाई।
या फल को 'राशि' विच बांट के
देखो कितने शेष बचाई।
शेष के दूने आखर जापते,
मनुआं मन वांछित फल पाई॥

माना 3 से बड़ी अभाज्य संख्या आपने 5 ली। 5 का वर्ग $5 \times 5 = 25$ हुआ। इसमें वसु-निधि जोड़ना (मिलाई)। वसु 8 हैं और निधि 9 हैं अर्थात् हमें 17 जोड़ना है। $25 + 17 = 42$ हुए। इस 42 के 'राशि विच बांट के' अर्थात् 12 का भाग दें। राशि 12 हैं और बांटना ... भाग करना। 12 का 42 में भाग देने पर शेष 6 बचे। जिसके दूने हुए 12 ; 12 आखर अर्थात् 'द्वादश अक्षर मंत्र'–'ॐ नमः भगवते वासुदेवाय' का जप करने से मनुष्य को मनवांछित फल की प्राप्ति होती है।

दूसरा उदाहरण देखिए। माना आपने संख्या ली 11, ग्यारह का वर्ग हुआ 121, 121 में 17 जोड़ने पर फल आया 138, 138 में 12 का भाग देने पर शेष बचे 6, 6 के दूने 12 अर्थात् द्वादश अक्षर मंत्र, जिसका जाप करने से प्राणी का उद्धार होता है।

आप उपरोक्त दोनों 'सवैया' के लिए कई अन्य उदाहरणों को लेकर गणित की आध्यात्मिक सौंदर्य रूपी सरिता में गोते लगाकर अद्भुत आनंद प्राप्त कर सकते हैं।

❑❑

12

बृहत् संख्याएँ

कहते हैं कि शहंशाह अकबर ने एक बार अपनी सभा में प्रश्न किया कि "आकाश में कितने तारे हैं?" कोई सभासद इसका उत्तर न दे सका। बीरबल ने उत्तर देने के लिए एक दिन का समय चाहा। संध्या को वह घर गए और उन्होंने सफेद कागज का एक ताव उठाया। एक छोटी सुई से उस पर जितने छेद हो सकते थे किए।

दूसरे दिन जब सभा भरी तो बीरबल अनुपस्थित थे। सभी उनके आगमन की प्रतीक्षा करने लगे। उनके आगमन के विलंब के लिए कई अनुमान लगाए जा रहे थे। कुछ लोग सोच रहे थे कि शायद तारों की गणना में बिना नींद गुजारी रात के कारण सुबह आंख लग गई हो। अथवा असफलता के कारण मुंह छिपा रहे हों। पर कुछ समय में ही बीरबल अंगरक्षकों के साथ सज-धज कर दरबार में उपस्थित हुए। पांच अनुपम सुंदरियां कीमती मखमल के कपड़े से ढके हुए एक सोने के थाल को लिये थीं। वह थाल बादशाह के सामने रख दिया गया। पूरी सभा में सन्नाटा था। सभी विस्मय में थे। बीरबल ने यह क्या जाल रचा है, किसी की समझ में नहीं आ रहा था। इस गंभीर और शांत वातावरण को भेदते हुए बादशाह ने तीक्ष्ण और दृढ़ स्वर में पूछा, "बीरबल, मैं उपहार नहीं चाहता, मेरे प्रश्न का उत्तर दो।"

बीरबल ने कहा, "जहांपनाह, उत्तर आपके सामने पेश है।"

अकबर ने इशारा समझ लिया। उसने तलवार की नोक से थाल के आवरण को एक ओर हटा दिया। थाल में एक कागज था। उसे अकबर ने उठा लिया, पर उस पर तो कुछ भी नहीं लिखा था। एक क्षण को सभा में फिर सन्नाटा छा गया। कहीं बीरबल जहांपनाह के निरक्षर होने की खिल्ली तो नहीं उड़ा रहे थे। सभासद एक दूसरे की ओर अर्थपूर्ण दृष्टि से देख रहे थे। बादशाह ने पूछा, "बीरबल यह क्या है?" बीरबल ने कहा, "जहांपनाह, आपके प्रश्न का उत्तर इसी कागज में है। आसमान में उतने ही तारे हैं जितने इस कागज में छेद।

बादशाह ने उस कागज पर बने छेदों को गिनाने की कोशिश की अथवा नहीं, इसका कुछ पता नहीं परन्तु यह कहानी बाल श्रोताओं में एक आश्चर्य, उत्सुकता और बीरबल की सहज बुद्धि के लिए प्रशंसा की भावना अवश्य पैदा करती है। इसके पीछे एक गणितीय तत्व छिपा हुआ है। आकाश के तारों को नहीं गिना जा सकता और ताव पर बने छेदों को भी नहीं गिना जा सकता। अब यह मान लिया कि दोनों की संख्या बराबर होगी।

इन्हीं संख्याओं को, जो गिनी नहीं जा सकतीं, बृहत् या दैत्य संख्याएं कहते हैं। ये संख्याएं अनंत नहीं हैं किंतु इतनी अधिक हैं कि इन्हें गिना नहीं जा सकता, सिर्फ इनका अनुमान लगाया जा सकता है।

दैत्य संख्याओं का दर्शन करने के लिए किसी स्थिति विशेष की खोज आवश्यक नहीं है, वे हमारे इर्द-गिर्द और यहां तक कि हमारे भीतर भी हर जगह विराजमान हैं। सिर्फ हमें देखना आना चाहिए। आकाश-जिसके नीचे हम जी रहे हैं, रेत-जिस पर हम

चलते हैं, वायु—जिसमें हम सांस ले रहे हैं और रक्त—जो हमारी धमनियों में बहता है, ये सब बृहद् संख्याओं को अपने भीतर अदृश्य छिपाकर रखते हैं।

मुनाफे का सौदा

कब यह घटना घटी थी कहा नहीं जा सकता। हो सकता है कि कभी घटी ही न हो। इसकी संभावना अधिक है। पर सच हो या झूठ, कहानी इतनी मनोरंजक है कि उसे सुनाना आवश्यक है।

एक करोड़पति जब परदेश से लौटा तो वह काफी खुश था। उसकी खुशी का कारण था कि उसे और अधिक लाभ की आशा थी।

उसे रास्ते में एक बुजुर्ग मिला। उसने कहा, "मैं तुम्हारे साथ एक सौदा करना चाहता हूं और चूंकि तुम करोड़पति हो इसलिए तुम्हारे लिए वह सौदा आसान होगा।"

उसने कहा, "मैं महीने भर प्रतिदिन तुम्हें एक लाख रुपये दूंगा। मुफ्त में नहीं पर कीमत तुम्हारे लिए बहुत साधारण होगी।"

शर्त के मुताबिक उसने कहा, "पहले दिन मैं उसे एक पैसा दूंगा। दूसरे दिन दो पैसे, तीसरे दिन चार पैसे अर्थात् प्रतिदिन पिछले दिन से दोगुने पैसे दिया करोगे और मैं प्रतिदिन तुम्हें एक लाख रुपए दिया करूंगा।"

मैं आश्चर्य चकित था। सोच रहा था—ईश्वर देता है तो छप्पर फाड़कर देता है। मैंने कहा, "बस या और कुछ" उसने कहा, "बस सौदा पक्का होना चाहिए। मैं प्रतिदिन आपको एक लाख रुपए लाकर दिया करूंगा और तुम मुझे वह दोगे जो हम तय कर चुके हैं। सौदा एक माह के पहले टूटना नहीं चाहिए।"

मैंने कहा, "सौदा पक्का। पर नोट असली लाना और धोखा मत देना।"

उसने कहा, "चिन्ता मत करो, कल सुबह आऊंगा।"

दूसरे दिन सुबह-सुबह किसी ने दरवाजा खटखटाया। यह वही अपरिचित था जिससे करोड़पति की बात हुई थी।

उसने जेब से एक लाख रुपए निकाले और मेज पर पटकते हुए कहा, "गिन लो एक लाख और लाओ एक पैसा।"

मैंने उसे तांबे का एक पैसा दिया। उसने देखा, उलटा, पलटा, जेब में रखा और चल दिया। चलते समय कहा, "कल सुबह फिर आऊंगा, दो पैसे तैयार रखना। भूल मत जाना।"

करोड़पति को अपनी खुशनसीबी पर विश्वास नहीं हो रहा था। एक लाख रुपए छप्पर फाड़कर आकाश से गिरे हैं। उसने फिर से रुपए गिने, अच्छी तरह परखा, कहीं नकली तो नहीं। पर सब ठीक था। नोट जाली नहीं थे। उसने उन्हें छिपाकर रख दिया और दूसरी सुबह का इंतजार करने लगा।

रात को उसे संदेह होने लगा। कहीं वो चोर या डकैत तो नहीं है। इस बहाने हमारा घर देखने आया हो कि यह करोड़पति अपना रुपया कहां रखता है। इसके बाद अपने साथियों के साथ सशस्त्र आए और सब कुछ लूट ले जाए। उसने दरवाजा और खिड़कियां अच्छी तरह बंद कर लीं। रात भर करवटें बदलता रहा। अंतिम पहर में वह थोड़ा ही सो पाया था कि दरवाजा खटका। देखा, तो वही अपरिचित खड़ा था। देखा, अकेला था। बोला, "दरवाजा खोलो।" दरवाजा खोलते ही वह भीतर आया और एक लाख रुपए मेज पर रखकर बोला, "लाओ दो पैसे।" करोड़पति ने दो पैसे दे दिए, उसने गिने और चलता बना। जाते समय बोला, "कल चार पैसे का इंतजाम रखना।" करोड़पति ने सोचा-कैसा बेवकूफ है?

करोड़पति बहुत खुश था। दो लाख मुफ्त में मिल गए।

आगंतुक डकैत या चोर नहीं लगता था। कोई उसने ताक-झांक नहीं की। सिर्फ अपने पैसों की मांग की और चलता बना। ज्यादा बैठा भी नहीं। लगता है सनकी है। ऐसे दुनिया में दो-चार और हो जाएं तो लोगों का जीवन सुधर जाए।

अजनबी तीसरे दिन भी आया और तीन लाख देकर चार पैसे ले गया। एक दिन और बीता और चार लाख आठ पैसे में मिल गए। इसी तरह–

पांचवा लाख – 16 पैसे में

छठा लाख – 32 पैसे में

सातवां लाख – 64 पैसे में

अब तक करोड़पति सात दिनों में सात लाख रुपए प्राप्त कर चुका था और उसने अपरिचित को केवल 1 पैसा + 2 पैसा + 4 पैसा + 8 पैसा + 16 पैसा + 32 पैसा + 64 पैसा = 1 रुपया 27 पैसे दिए थे। कितना मुनाफे का सौदा था?

कंजूस करोड़पति को यह सौदा बहुत पसंद आया। उसे अफसोस होने लगा कि उसने दो महिनों का सौदा क्यों नहीं किया। अब तीस लाख से अधिक उसे नहीं मिलेंगे। 15 दिन भी और होते तो अच्छा था। इस सनकी से अवधि बढ़ाने के लिए कहा जाए? कहीं समझ न जाए कि मुफ्त में पैसे दे रहा है।

अपरिचित हर सुबह अपने एक लाख रुपए के साथ नियत समय पर आ जाया करता था। आठवें दिन उसे 1 रुपया 28 पैसे मिले, 9वें दिन 2 रु. 56 पैसे, 10वें दिन 5 रु. 12 पैसे, 11वें दिन 10 रु. 24 पैसे, 12वें दिन 20 रु. 48 पैसे, 13वें दिन 40 रु. 96 पैसे और 14वें दिन 81 रु. 92 पैसे।

करोड़पति बिना हिचकिचाहट के यह रकम उसे दे दिया

करता था। उसे क्या चिंता थी। उसे 14 दिन में 14 लाख रुपए मिल चुके थे। और उसे अभी तक केवल 150 रु. से थोड़ा बहुत अधिक रुपए देने पड़े थे।

पर करोड़पति की खुशहाली अधिक दिनों तक नहीं टिकी रही। अब वह समझने लगा कि उसका सनकी मेहमान कोई बेवकूफ नहीं है और सौदा इतना लाभप्रद नहीं है, जितना शुरू में लग रहा था। 15 दिन बाद उसे पैसे नहीं, सैकड़ों में रुपए देने पड़ रहे थे। तथा भुगतान की राशि भयानक गति से बढ़ रही थी। महीने के दूसरे पक्ष में करोड़पति ने निम्नानुसार चुकता किया—

15वें लाख के लिए 163 रुपए 84 पैसे

16वें लाख के लिए 327 रुपए 68 पैसे

17वें लाख के लिए 655 रुपए 36 पैसे

18वें लाख के लिए 1310 रुपए 72 पैसे

19वें लाख के लिए 2621 रुपए 44 पैसे

जो भी हो, करोड़पति अपने को कोई घाटे में महसूस नहीं कर रहा था। उसे अभी तक कुल पांच हजार से कुछ अधिक देने पड़े थे। उसने अभी तक कुल 19 लाख रुपए प्राप्त कर लिए थे पर मुनाफा दिन प्रतिदिन घट रहा था और बहुत ही तेजी से घट रहा था।

अगले दिनों के भुगतान इस प्रकार हैं—

20वें लाख के लिए ... 5242 रुपए 88 पैसे

21वें लाख के लिए ... 10485 रुपए 76 पैसे

22वें लाख के लिए ... 20971 रुपए 52 पैसे

23वें लाख के लिए ... 41943 रुपए 04 पैसे

24वें लाख के लिए ... 83886 रुपए 08 पैसे

25वें लाख के लिए ... 167772 रुपए 16 पैसे

26वें लाख के लिए ... 335544 रुपए 32 पैसे

27वें लाख के लिए ... 671088 रुपए 64 पैसे

जितना मिलता था उससे कहीं अधिक भुगतान करना पड़ रहा था। यहां रुक जाना अच्छा था पर सौदा तोड़ा नहीं जा सकता था।

आगे स्थिति और बिगड़ती गई। करोड़पति काफी देर से समझा कि अजनबी ने उसे क्रूरता के साथ धोखा दिया है। वह जितना देता है उससे कई गुना अधिक पाएगा।

28वें दिन से करोड़पति लाखों में भुगतान कर रहा था। आखिरी दो दिनों ने उसे पूरा दिवालिया बना दिया। ये रही भुगतान की वे विशाल राशियां–

28वें लाख के लिए ... 1342177 रुपए 28 पैसे

29वें लाख के लिए ... 2684354 रुपए 56 पैसे

30वें लाख के लिए ... 5368709 रुपए 12 पैसे

जब आखिरी बार मेहमान ने विदा ली, तो करोड़पति ने हिसाब लगाना शुरू किया कि 'मुफ्त' में मिलने वाले 30 लाख के लिए उसे कितने पैसे अदा करने पड़े। पता चला कि अजनबी ने प्राप्त किए–10737418 रुपए 23 पैसे अर्थात् करीब 107 लाख। और यह शुरू हुआ था सिर्फ 1 पैसे से। अपरिचित यदि 3 लाख प्रतिदिन भी देता तो भी घाटे में नहीं रहता। कोशिश कीजिए कि आपको भी कोई ऐसा करोड़पति मिल जाए और सौदा ईमानदारी से पट जाए।

बाबा विश्वनाथ की वाणी

पृथ्वी के जीवन की बात करते समय एक अत्यंत रोचक किवंदती

याद आती है। कहते हैं कि बनारस में बाबा विश्वनाथ के मंदिर के नीचे एक तलघर है। उसमें कांसे का एक पटा रखा हुआ है जिसमें तीन हीरे की बनी लंबी कीलें लगी हुई हैं। इनमें से एक कील पर सोने के चौंसठ गोलाकार छल्ले पिरोए हुए हैं। ये सभी छल्ले असमान हैं। सबसे बड़ा छल्ला सबसे नीचे है, उसके ऊपर उससे छोटा और उसके ऊपर उससे छोटा और इसी क्रम में सभी पिरोए हुए हैं।

इस मंदिर में एक भविष्यवाणी भी लिखी हुई है कि 'यदि कोई व्यक्ति इन छल्लों को एक कील से निकालकर दूसरी कील में पिरो देगा तो प्रलय हो जाएगी।'

इसका अर्थ यह नहीं कि वहां शारीरिक शक्ति संबंधी कोई मुकाबला है। परन्तु उन छल्लों को निकालने और पिरोने के लिए दो साधारण नियम दिए हैं, जिनका पालन करना आवश्यक है। वे हैं–(1) एक समय में केवल एक ही छल्ला निकाला या पिरोया जा सकता है तथा (2) कभी भी कोई बड़ा छल्ला छोटे छल्ले के ऊपर नहीं रखा जाना चाहिए। हमारा क्या अनुमान होगा? क्या यह भविष्य वाणी सच होगी? हम चाहें तो आजमा सकते हैं।

गणित के विद्यार्थी के लिए बनारस तक की यात्रा करना आवश्यक नहीं है। यहीं कागज और पेंसिल से थोड़ा-सा काम चलाया जा सकता है। देखिए कैसे यह कार्य किया जाएगा। मान लीजिए कि तीन कीलों को हम क, ख, ग नाम दे देते हैं और सभी छल्लों को ... $प_1$, $प_2$, $प_3$, $प_4$.......... $प_{64}$। $प_1$ सबसे छोटा छल्ला है और $प_{64}$ सबसे बड़ा छल्ला है। इन छल्लों को एक कील से दूसरी पर स्थानांतरित करने के लिए प्रक्रिया कुछ इस प्रकार करनी होगी–

1. $प_1$ सबसे छोटा छल्ला है, इसीलिए वह कील 'क' पर सभी छल्लों के ऊपर रखा हुआ है। सबसे पहले हम उसी को क में से निकालकर ख में पिरो देंगे। इस प्रकार एक बार में एक छल्ला क से ख में स्थानांतरित हो गया।
2. अब दूसरे छल्ले को स्थानांतरित करना है इसलिए $प_2$ को निकालिए। हम उसे ख में नहीं पिरो सकते क्योंकि उसका अर्थ होगा कि यह $प_2$, जो $प_1$ से बड़ा छल्ला है, ऊपर आ जाएगा जो हमारे दूसरे नियम के विरुद्ध है। इसीलिए उसे हम ग में पिरोएँगे। फिर ख में से $प_1$ निकालकर ग में पिरो दिया। परंतु इस बार छल्लों को निकालने की दो प्रक्रियाएँ हो गईं और इस प्रकार आरंभ से अब तक दो छल्लों को क से ग में स्थानांतरित करने में हमें 1+2=3 बार काम करना पड़ा।
3. अब $प_3$ की बारी है। पहले $प_3$ को ख में रखिए क्योंकि ग में सबसे छोटे छल्ले मौजूद हैं। फिर $प_1$ को क में रखिए। फिर $प_2$ को ख में रखिए। फिर $प_1$ को ख में रखिए। इस प्रकार इस बार हमें 4 क्रियाएँ करनी पड़ीं। प्रारम्भ को अबतक तीन छल्लों को क से ख में स्थानांतरित करने के लिए हमें 1+2+4=7 बार काम करना पड़ा।
4. चौथे छल्ले को स्थानांतरित करने की प्रक्रिया को स्पष्ट करने के लिए संभवतः संकेत चिन्हों से ही काम लेना पड़ेगा। इस समय छल्लों की स्थिति

विभिन्न कीलों में निम्न प्रकार है–

छल्ले		*कील*
प$_4$ प$_5$, ...प$_{63}$ प$_{64}$	–	क
प$_1$ प$_2$ प$_3$	–	ख
खाली	–	ग

छल्ले निकालने और पिरोने की प्रक्रिया कुछ निम्न प्रकार होगी। छल्ले के सामने कोष्ठक में वह किस छल्ले में है इसका संकेत है तथा तीर (→) यह बताता है कि कोष्ठक वाले छल्ले में से निकालकर उसे किस छल्ले में पिरोया गया है–

प$_4$ (क)	→	ग
प$_1$ (ख)	→	ग
प$_2$ (ख)	→	क
प$_1$ (ग)	→	क
प$_3$ (ख)	→	ग
प$_1$ (क)	→	ख
प$_2$ (क)	→	ग
प$_1$ (ख)	→	ग

इसमें कुल चालें 8 हुईं और अंत में स्थिति निम्न हुई–

प$_5$ प$_6$, ...प$_{63}$ प$_{64}$	–	क
खाली	–	ख
प$_1$ प$_2$ प$_3$ प$_4$	–	ग

प्रारंभ से लेकर अब तक चार छल्लों को क से ग में स्थानांतरित करने के लिए कुल चालें हुईं–

$1 + 2 + 4 + 8 = 15$

अब इस स्थान पर आकर साधारण व्यक्ति और गणितज्ञ

में अंतर स्पष्ट होगा। इन अंकों को देखकर गणितज्ञ की विचारणा में प्रश्न उठेगा कि 1, 2, 4, 8 में तो एक क्रम-सा दृष्टिगत होता है। क्या यही कुछ आगे भी कायम रहेगा? ये चालें हमें स्पष्ट संकेत देती हैं कि $प_5$ को स्थानांतरित करने के लिए हमें 16 चालें चलनी होंगी।

और चालों की कुल संख्या होगी–

$$1 + 2 + 4 + 8 + 16 = 31$$

इन्हें इस प्रकार भी व्यक्त किया जा सकता है–

$प_1$ स्थानांतरित करने के लिए कुल चालों की संख्या

$$= 1 = 2^0 - 1$$

$प_2$ को स्थानांतरित करने के लिए कुल चालों की संख्या

$$= 3 = 2^2 - 1$$

$प_3$ को स्थानांतरित करने के लिए कुल चालों की संख्या

$$= 7 = 2^3 - 1$$

$प_4$ को स्थानांतरित करने के लिए कुल चालों की संख्या

$$= 15 = 2^4 - 1$$

$प_5$ को स्थानांतरित करने के लिए कुल चालों की संख्या

$$= 31 = 2^5 - 1$$

यहाँ से रास्ता कुछ खुलता-सा दिखाई देता है। अब आगे हमें स्थानांतरण की क्रिया प्रत्यक्ष रूप से करने की आवश्यकता नहीं है। आगम सिद्धांत से अब यह कहा जा सकता है कि सभी 64 छल्लों को एक दूसरी कील में पिरोने के लिए हमें सिर्फ $2^{64} - 1$ चालें चलनी होंगी।

हम सोच सकते हैं कि अब तो मैदान साफ हो गया। हमने गणित की सहायता से भविष्यवाणी को असत्य सिद्ध कर दिया।

बस $2^{64}-1$ चालें झटपट चलने की आवश्यकता है।

परंतु स्थिति इतनी सरल नहीं है। आइए, थोड़ा सा गणित और करें।

मान लीजिए हमें एक चाल चलने में एक सेकण्ड लगता है, शायद प्रारंभ में हमें ऐसा प्रतीत हो, अन्य मित्रों की सहायता की आवश्यकता नहीं पड़ेगी पर कुछ समय काम करने के बाद हम अवश्य सोचेंगे कि अच्छा ही होता कुछ और सहायता ले लेते, जिससे इस काम से जल्दी छुट्टी मिल जाती और विश्वनाथ के वरदान या अभिशाप की परीक्षा हो जाती। इसलिए इस कार्य के लिए प्रारंभ से ही हम दो और मित्रों की सहायता ले लेते हैं, जिससे 8-8 घंटे की पारी करके चौबीसों घंटे काम चलता रहे।

हाँ यदि अब हम हिसाब लगाएँ तो हम मित्रों की सहायता से 2^{64} सेकण्डों में यह काम पूरा कर लेंगे। कितना समय होता है 2^{64} सेकण्ड देखिए इस बृहत (दैत्य) संख्या का सौंदर्य। एक वर्ष में कुल 31558000 सेकण्ड होते हैं, इस हिसाब से इस काम को पूरा करने में कुछ अधिक नहीं केवल 58×10^{12} अर्थात् पाँच नील अस्सी खरब वर्ष लगेंगे। इस हिसाब से ब्रह्मा जी द्वारा लगभग 400 बार ब्रह्माण्ड की सृष्टि और शिव द्वारा उसके संसार की आवृत्ति हो चुकी होगी। तब तक भी हमारे विश्वनाथ बाबा की भविष्य-वाणी असत्य सिद्ध नहीं हो सकेगी। अंत में, यही कहना होगा कि बाबा विश्वनाथ ही जाने इस गोरखधंधे को।

कागज में किए हुए बीरबल के द्वारा छेद, मुनाफे का सौदा जो बाद में घाटे का सौदा साबित हुआ तथा बाबा विश्वनाथ की भविष्यवाणी के माध्यम से हम बृहत संख्याओं का सौंदर्य देख

चुके हैं। आइए, अब सुनते हैं शतरंज के बारे में एक किंवदंती।

कहते हैं कि बादशाह सिरहम के राज्य में एक वजीर ने जिसका नाम हिस्सा बेन दाहिर था इस खेल को ईज़ाद किया था। बादशाह को यह खेल बहुत पसंद आया और उसने वजीर से कहा कि 'मैं तुम पर बहुत प्रसन्न हूँ, जो चाहे सो इनाम माँग सकते हो।'

वजीर ने सर झुका लिया। 'मेरे पास पर्याप्त धन है। मैं तुम्हारी कोई भी इच्छा पूरी कर सकता हूँ' राजा ने फिर कहा। माँगो जो तुम्हारी इच्छा हो।'

वजीर फिर भी चुप रहा। 'संकोच मत करो वजीर। तुम अपनी इच्छा बताओ। मैं उसे पूरी करने के लिए सब कुछ न्यौछावर कर दूँगा।'

'आपकी उदारता महान है, जहाँपनाह! पर मुझे सोचने का कुछ समय दें। कल अच्छी तरह सोचकर मैं आपको अपनी इच्छा बता दूँगा।'

जब दूसरे दिन वजीर बादशाह के पास पहुँचा तो उसके अनुरोध ने सबको आश्चर्य चकित कर दिया।

'जहांपनाह!' वजीर ने कहा, आप मुझे शतरंज के पहले घर के लिए गेहूँ का एक दाना दिलाने की आज्ञा प्रदान करें।'

'क्या साधारण गेहूँ का एक दाना?' राजा ने अवाक् होकर पूछा। हाँ बादशाह! दूसरे घर के लिए दो दाने, तीसरे घर के लिए 4 दाने, चौथे घर के लिए 8 दाने, पाँचवे के लिए 16, छठे के लिए 32...

'बस करो', राजा ने क्रोधित होकर कहा, 'इसी माँग के लिए तुमने एक दिन का समय चाहा था। मूर्ख हो तुम। तुम्हें शतरंज

के सारे 64 घरों के लिए दाने मिल जाएँगे। हर घर में दानों की संख्या पिछले घर से दुगनी होनी चाहिए–यही तुम्हारी इच्छा है न? पर यह जान लो कि ऐसा क्षुद्र इनाम माँग कर तुम मेरी उदारता का अपमान कर रहे हो।'

वजीर मुस्कराया और गर्दन नीचे किए हुए बाहर चला गया।

दोपहर भोजन के समय राजा को शतरंज के आविष्कारक की याद आई। उसने एक सेवक भेजकर यह जानना चाहा कि पागल वजीर क्षुद्र इनाम लेकर गया या नहीं।

सेवक ने लौटकर उत्तर दिया, 'आपकी आज्ञा पूरी हो रही है। दरबार के गणितज्ञ दानों की आवश्यक संख्या की गणना कर रहे हैं।'

राजा की भृकुटियाँ तन गईं। वह इस बात का आदी नहीं था कि उसकी आज्ञाएँ इतनी मंद गति से पूरी हों।

शाम को सोने से पहले जब राजा ने फिर जिज्ञासा की तो उत्तर मिला–'जहांपनाह! आपके गणितज्ञ गणना में व्यस्त हैं। आशा है कि कल सुबह तक काम समाप्त हो जाएगा।'

'इतनी देर क्यों लगा रहे हैं?' राजा ने क्रोधित होकर पूछा।, 'कल नींद टूटने के पहले वजीर को उसके एक-एक दाने का हिसाब मिल जाना चाहिए। मैं दो बार आज्ञा नहीं देता।'

सुबह राजा को बताया गया कि मुख्य गणितज्ञ एक महत्त्वपूर्ण बात करना चाहता है।

राजा ने उसे आने की अनुमति दे दी।

'इसके पहले कि तुम अपनी बात कहो मैं यह जानना चाहता हूँ कि वजीर को उसका क्षुद्र इनाम मिला या नहीं?' बादशाह ने पूछा।

इसी के लिए तो मैं सुबह-सुबह आपके पास आया हूँ।

वृद्ध गणितज्ञ ने उत्तर दिया। हम लोगों ने अथक परिश्रम से दानों की वह संख्या ज्ञात कर ली है जो वजीर चाहता है, किन्तु वह संख्या इतनी बड़ी है कि....'

'कितनी भी बड़ी क्यों न हो', बादशाह ने घमंड के साथ कहा, 'मेरा भंडार कम नहीं होगा। वचन दिया जा चुका है और उसे इनाम मिलना ही चाहिए।

'जहांपनाह! यह आपके वश की बात नहीं है कि वजीर की इच्छा पूरी की जा सके। आपके राज्य के सभी भंडारों में भी इतना गेहूँ नहीं है जितना वजीर ने माँगा है। आपका भंडार ही क्या सारी पृथ्वी पर भी इतने गेहूँ नहीं होंगे। यदि आप प्रतिज्ञा निभाना ही चाहते हैं तो सारी धरती को खेतों में बदलवा दें, सागर को सुखा देने की आज्ञा दे दें, सुदूर उत्तर में हिम से ढके पर्वतों को गलाने की आज्ञा दें। यदि पृथ्वी के एक-एक अँगुल स्थान पर भी गेहूँ बो दें और सारी फसल वजीर को दे दें तो भी शायद उसकी इच्छा पूरी नहीं होगी।'

आश्चर्यचकित राजा वृद्ध गणितज्ञ के शब्दों को सुनता रहा।

'कैसी है वह संख्या? बताओ तो,' राजा ने पूछा।

'बादशाह! वह संख्या है 1, 84, 46, 74, 40 73, 70, 95, 51, 615 एक महाशंख चौरासी शंख छियालीस पदम् चौहत्तर नील चालीस खरब तिहतर अरब सत्तर करोड़ पंचानवे लाख इक्यावन हजार छः सौ पन्द्रह—गेहूँ के दाने। महाराज यदि एक मन में 60,00,000 अनाज के दाने चढ़े तो उसकी माँग को पूरा करने

के लिए 3 नील मन अनाज की आवश्यकता होगी।'

यह है वृहत संख्या का सौंदर्य। वजीर ने न केवल शतरंज जैसे खेल का आविष्कार किया वरन् पहली ही चाल में राजा को मात भी दे दी।

उपरोक्त तीन-चार मनोरंजक कथनों के द्वारा आपने बृहत संख्याओं का सौंदर्य देखा।

उपरोक्त संख्याएँ, जिनका हम जिक्र ऊपर कर चुके हैं, बृहत तो हैं ही, उनमें कुछ विचित्र गुण भी हैं पर ये हैं सभी परमित और निश्चित। बृहत संख्याओं का यही सबसे बढ़ा गुण है कि वे चाहे जितनी बड़ी हों यदि उनमें हम एक और मिला देंगे तो वह उससे भी बड़ी हो जाएंगी।

❑❑

13

अद्भुत अतिथि गृह

संख्या परिवार के अध्याय में हम अनंत से परिचित हो चुके हैं। प्राकृत संख्याएं अनन्त हैं। पूर्णांक अनंत हैं। भिन्नांक अथवा परिमेय संख्या भी अनंत हैं, आदि आदि। परन्तु आइए, इनको थोड़ा और निकट से देखें।

भिन्नांकों को क/ख के रूप में लिखते समय हमने एक प्रतिबंध लगा दिया था कि इसका हर एक शून्य नहीं हो सकता। ख यदि शून्य होगा तो क्या होगा? 1/0 का अर्थ है 1 में 0 का भाग अथवा घटाने के रूप में 1 में से 0 को कितनी बार घटाया जाए। यदि एक कृपण के पास एक किलोग्राम घी है और वह प्रतिदिन खाते समय उसे देख ही लेता है और इस प्रकार 'शून्य' ग्राम घी का उपयोग करता है तो उसके लिए यह राशि अक्षुण्ण है। इसलिए 1/0 को अनंत कहते हैं, यही हाल 5/0 का भी है। यही हाल क/0 का है। क/0 जिसमें 'क' यदि शून्य नहीं है तो अनंत ही होगा।

सहज ज्ञान और साधारण गणित की परिधि के बाहर हम बहुत सी बातें कर चुके हैं। अनंत संख्यांक श्रेणी में पहुंच कर

सबसे पहले तो गणित का एक मुख्य सिद्धांत–"किसी वस्तु का भाग उस वस्तु से छोटा होता है," असिद्ध हो गया। पश्चिम में इस सिद्धांत की प्रस्थापना में बहुत काल लगा क्योंकि यह सहज ज्ञान के नितांत विपरीत है। इसलिये संभावना की कोटि में ही नहीं था। परंतु भारत के चिंतक अनादि और अनंत की कल्पना में बहुत आगे थे। वेदांत में ब्रह्म को पूर्ण के रूप में देखा गया है। उस पूर्ण की कल्पना कितनी महान थी।

ईशोपनिषद् में एक श्लोक आता है–

ॐ पूर्णमदः पूर्णमिदं पूर्णात् पूर्णमुदच्यते
पूर्णस्य पूर्णमादाय पूर्णमेवावशिष्यते

अर्थात् पूर्ण से पूर्ण निकल जाने पर भी पूर्ण ही शेष बचा रहता है। सृष्टि के आदि में उसी पूर्ण ब्रह्म से पूर्ण जगत का आगम है और अंत में उसी में विलय। पूर्ण निर्विकार है।

डॉ. ब्रजमोहन लिखते हैं कि कुछ लोग अवतारवाद में विश्वास नहीं करते। वे कहते हैं कि "कृष्ण जी 16 कला के अवतार थे। अर्थात् उनमें पूर्ण रूप से ईश्वरत्व विद्यमान था।" अब प्रश्न यह है कि जब कृष्ण जी इस लोक में मनुष्य रूप में जीवित थे तब ईश्वर कहां था? सम्पूर्ण ईश्वरत्व तो कृष्ण जी में ही समाया हुआ था। अतः ईश्वरत्व का लोप हो गया था। ऐसे व्यक्ति ईश्वरत्व, पूर्णत्व और अनंतता का अर्थ नहीं समझते। यदि ईश्वर के सभी गुण लेकर एक नई सत्ता का निर्माण कर लिया जाए तो भी ईश्वर के समस्त गुण ईश्वर में अक्षुण्ण बने रहेंगे। यदि एक दिये से

हजार दिये जला दिए जाएं तब भी उस दिये की ज्योति में कोई अंतर नहीं पड़ता।

गणितज्ञ ब्रह्म गुप्त (558-660 ई.) ने इस राशि को 'खछेद' (वह राशि जिसका हर शून्य हो) कहा है। बारहवीं शताब्दी में भास्कर द्वितीय ने इस संख्या का अपने बीज-गणित में विवेचन किया है। वे इसे ख-हर कहते हैं। उन्होंने लिखा है कि "जिस प्रकार अनंत और अच्युत ईश्वर में प्रलय के समय बहुत से मूल गुणों का प्रवेश होने से अथवा सृष्टि के समय उनके निकल जाने से कोई विकार नहीं होता, उसी प्रकार इस शून्य हर वाली (ख-हर) राशि में बहुत (बड़े संख्यांक) जोड़ने या घटाने पर कोई परिवर्तन नहीं होता।

उस समय के लिए यह कल्पना सभी गणितज्ञों के लिए श्रद्धा की पात्र है।

अद्भुत अतिथि गृह–

यदि आप अब इस विचित्र देश (अनंत) के भ्रमण से थके हुए प्रतीत होते हैं, तो चलें, थोड़ा विश्राम कर लें। इस विचित्र देश में एक अत्यंत धनी महाजन है। उसकी अतिथिशाला में अनंत शयन-कक्ष हैं। परंतु वह व्यक्ति इतना लोकप्रिय है कि सदा ही उसके सभी कक्ष भरे रहते हैं। क्या आप हमारे साथ वहां चलना चाहेंगे।

निमंत्रण स्वीकार करने में हिचक नहीं होनी चाहिए, क्योंकि यह लोक वास्तव में विचित्र लोक है (अनंत लोक)। हमें विश्रामगृह के लिए पूर्व आरक्षण की चिन्ता नहीं करनी होगी। क्योंकि सभी कक्षों के भरे रहने के बावजूद कभी कोई वहाँ से निराश नहीं लौटा। सभी की व्यवस्था कर ही देता है महाजन।

उसका व्यवस्था विधान भी अद्भुत है। हमारे पहुंचते ही

वह केवल अपने अतिथियों से एक छोटी-सी प्रार्थना करेगा। वह क्रमांक 1 कक्ष वाले से प्रार्थना करेगा कि वह कक्ष 2 में चले जाएँ, क्रमांक 2 से प्रार्थना होगी कि वह क्रमांक 3 में चले जाएं तथा इसी प्रकार क्रमांक 'क' में ठहरे अतिथि से क्रमांक (क +1) में जाने के लिए प्रार्थना की जाएगी। आधुनिक यंत्रों की सुविधा के कारण इतना अच्छा इंतजाम है कि कक्ष परिवर्तन से किसी को कष्ट भी नहीं होता है। सब सामान एकदम दूसरे कक्ष में चला जाता है और मेहमान प्रसन्नता से चले जाते हैं। इस प्रकार कक्ष 1 खाली हो गया और हम उसमें विश्राम कर सकते हैं। कोई भी व्यक्ति अतिथिगृह से विस्थापित नहीं हुआ, सबके लिए पुनर्व्यवस्था हो गई।

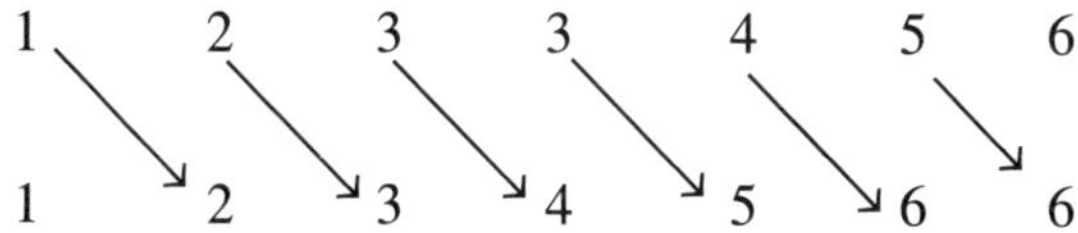

कभी-कभी विशेष पर्वों पर उसके यहां एकाएक अनंत अतिथि भी आ धमकते हैं। उस समय भी उसके आतिथ्य में कोई असुविधा नहीं होती है। उस अतिथिगृह का संचालक अच्छा गणितज्ञ है। उस समय ठहरे हुए अतिथियों को एक दूसरे प्रकार की प्रार्थना की जाती है। कक्षा 1 में ठहरे अतिथि को कक्ष 2 में, कक्ष 2 में ठहरे अतिथि को कक्ष 4 में, 3 को 6 में, 4 को 8 में ... और कक्ष 'क' में ठहरे अतिथि को कक्ष '2 क' में जाने के लिए प्रार्थना की जाती है। इस प्रकार पहले से ठहरे हुए अतिथि सम संख्या के कक्षों में चले जाते हैं। विषम संख्या वाले कक्ष खाली हो जाते हैं और नये आने वाले अनेक अतिथियों का इन्हीं विषम संख्या के कक्षों में विश्राम के लिए स्वागत किया जाता है।

पुराने अतिथि	1	2	3	4	5...
	↓	↓	↓	↓	↓
पुराने अतिथियों का नवीन कक्ष-क्रम	2	4	6	8	10...
नये अतिथि	1	3	5	7	9...

आइए, फिर तो हम दोनों ही निसंकोच, इच्छा हो तो कुछ मित्रों के साथ भी, इस विचित्र लोक में आतिथ्य का उपभोग कर विश्राम कर सकते हैं।

❑ ❑

14

संख्या-परिवार

जिस दिन से मनुष्य ने संसार में पदार्पण किया है उसी दिन से उसके मस्तिष्क में संख्या बुद्धि की उत्पत्ति हुई है। मनुष्य जीवन से गणित के अति घनिष्ठ संबंध के कारण 'गणित न हो' ऐसी स्थिति की कल्पना ही नहीं की जा सकती है। यही नहीं गणित और सभ्यता की उन्नति में भी अन्योन्याश्रय संबंध है। अत्यंत सरल समाज में गणित का क्षेत्र 'गणना' तक ही सीमित था, इसलिए इसका नाम 'गणित' पड़ा। गणित अर्थात् वह वह शास्त्र जिसमें गणना की प्रधानता हो।

हमें नहीं मालूम कि मनुष्य ने सबसे पहले कब भाषा के द्वारा आपस में विचारों का आदान-प्रदान करना आरंभ किया। पर ऐसा संभव है कि शब्दों का बोलना पहले शुरू हुआ होगा और उसका लिखना बाद में। इसी प्रकार संख्या शब्दों का उपयोग पहले प्रारंभ हुआ होगा और उनके लिए संख्या संकेत बाद में ही आए होंगे। मनुष्य 'दो' शब्द के लिए '2' लिखना बहुत देर में सीखा होगा।

संख्याएं मुख्यतया निम्नांकित तीन प्रकार की होती हैं–

1. गणनात्मक संख्या।एं–जैसे एक, दो, तीन.......
2. क्रम संख्याएं–जैसे–पहला, दूसरा, तीसरा........
3. गुणन संख्याएं–जैसे–दूना, तिगुना, चौगुना........

हम इस अध्याय में केवल गणनात्मक संख्याओं के बारे में चर्चा करेंगे–

प्रकृति जगत में मनुष्य का प्रथम परिचय 1, 2, 3, 4, ... से हुआ। अतः हम इन्हें प्राकृत संख्याएं कहते हैं। ध्यान रहे, इस प्राकृत संख्या परिवार में शून्य (0) सम्मिलित नहीं है। शून्य भी एक संख्यांक है, इसका सहसा आभास नहीं होता। हम साधारण रूप से गणना का प्रारंभ भी 1 से ही करते हैं। ऐसी स्थिति में शून्य को भूल जाना स्वाभाविक ही है। परंतु वास्तविकता यह है कि गणना में पहला अंक शून्य ही है और यही भारतीय संख्या चिन्हों की सबसे बड़ी विशेषता है।

अभी हम प्राकृत संख्याओं की चर्चा कर रहे थे। 1, 2, 3, 4 ..... ये सभी प्राकृत संख्याएं हैं। प्राकृत संख्या परिवार में इनकी सदस्य संख्या अनंत है।

यदि इस प्राकृत संख्या परिवार में '0' शून्य को भी सम्मिलित कर लिया जाए तो उसे हम 'पूर्ण संख्या परिवार' कहेंगे।

हम देखते हैं कि प्रत्येक प्राकृत संख्या पूर्ण संख्या है किन्तु प्रत्येक पूर्ण संख्या प्राकृत संख्या नहीं है। शून्य पूर्ण संख्या है किन्तु वह प्राकृत संख्या नहीं है। पूर्ण संख्या परिवार में भी उसके सदस्यों की संख्या अनंत है।

पूर्णांक संख्या परिवार–धनात्मक पूर्ण संख्याओं तथा ऋणात्मक पूर्ण संख्याओं का समुच्चय 'पूर्णांक संख्या समुदाय' कहलाता है।

जैसे–

.... -4, -3, -2, 1, 0, 1, 2, 3, 4 ......

प्राकृत संख्याओं और पूर्ण संख्याओं की ही तरह पूर्णांक संख्या परिवार में भी उसके सदस्यों की संख्या अनंत होती है।

परिमेय संख्याएं–यदि 'क' और 'ख' कोई भी दो पूर्णांक संख्याएं हैं तो $\frac{क}{ख}$ एक परिमेय संख्या कहलाती है (जहां ख $\neq 0$)

जैसे–$\frac{5}{6}, \frac{1}{2}, \frac{4}{4}, \frac{0}{5}, \frac{12}{2}, \frac{7}{8}$

परिमेय संख्या परिवार में भी उसके सदस्यों की संख्या अनंत है।

अपरिमेय संख्याएं–अपरिमेय संख्याओं के बारे में हम कहते हैं कि जो संख्या परिमेय न हो वह अपरिमेय है पर इस परिभाषा से हमारी बात स्पष्ट नहीं होती है। हम जानते हैं कि परिमेय संख्याओं को यदि दशमलव रूप में लिखा जाए तो उसके दो रूप हो सकते हैं या तो सांत दशमलव जैसा–$\frac{1}{4} = 0.25$ अथवा आवर्त दशमलव जैसा $\frac{2}{3} = .6$

किन्तु दशमलव का एक रूप ऐसा भी है जो न सांत है और न आवर्त।

जैसे–.101001000100001...

यह एक ऐसी संख्या है जो अवश्य ही एक निश्चित मान रखती होगी, पर वह मान क्या है, हम नहीं कह सकते। हां, यह अवश्य है कि हम इसके सन्निकट अथवा लगभग मूल्य को कितनी भी पूर्णता से लिखना चाहें, लिख सकते हैं। यही हाल हमारे $\sqrt{2}$ का है, या $\sqrt{3}$ का है, या $\sqrt{5}$ का है, जिनके हजारों लाखों दशमलव तक भी गणना करने पर हम उसका वास्तव में मूल्य नहीं लिख सकते हैं। इसी कठिनाई को दृष्टि में रखते हुए इसे अपरिमेय कहा गया है।

अपरिमेय संख्या परिवार में भी उसके सदस्यों की संख्या अनंत होती है।

काल्पनिक संख्या समुदाय–

हम समीरण $क^2 + 1 = 0$ का हल चाहते हैं। अर्थात् $क^2 = -1$ अतः हम एक ऐसी संख्या चाहते हैं जिसका वर्ग -1 हो। हमारे परिचित संख्या परिवार में ऐसी कोई संख्या नहीं है जिसका वर्ग -1 हो क्योंकि $(-1) \times (-1) = +1$ तथा $+(1) \times +(1) = +1$

तो अब प्रश्न यह उठता है कि वह कौन सी संख्या हो सकती है जिसका वर्ग -1 हो। इसका उत्तर गणितज्ञ बहुत दिनों तक खोजते रहे और उन्होंने कह दिया कि $क^2 + 1 = 0$ का हल असंभव है।

परन्तु विचार जगत में विचरण करने वाला गणितज्ञ यूं हार मानने वाला नहीं। जब उससे 2 का वर्ग मूल नहीं निकला तो उसने कह दिया 2 का वर्ग मूल होगा $= \sqrt{2}$ । तो फिर -1 के वर्गमूल के लिए भी क्यों न इसी प्रकार की एक नई संख्या लिख दी जाए $\sqrt{-1}$ और यह कह दिया गया कि चूंकि इस संख्या का कोई अर्थ नहीं है अतः यह संख्या काल्पनिक है इसलिए इसे हम अंग्रेजी के अक्षर 'i' (इमेजिनरी) से प्रदर्शित करेंगे।

अर्थात् $\sqrt{-1} = i$

अर्थात् $i^2 = -1$

और इस i को काल्पनिक संख्या की संज्ञा दी गई। इसी के साथ ही हमारे चिर-परिचित संख्या समुदाय, यथा प्राकृत संख्या, पूर्ण संख्या, पूर्णांक संख्या, तथा परिमेय संख्या समुदाय 'वास्तविक संख्या समुदाय' कहलाने लगे।

अब सोचने की बात यह है कि यह तो केवल एक ही नई संख्या है वह भी इतनी छोटी, इसके लिए इतनी खलबली क्यों?

परंतु तथ्य यह है कि इस एक नई संख्या के आधार पर काल्पनिक संख्या क्षेत्र में हमारी वास्तविक संख्या परिवार के बराबर एक नए परिवार का सृजन हो गया। एक अन्य समीकरण $क^2 + 2 = 0$ का हल निकालने के लिए $\sqrt{-2}$ के रूप में किसी नई संख्या को जन्म नहीं देना पड़ता। उसमें भी ऐसे ही काम चलाया गया–यथा

$$\begin{aligned} क^2 + 2 &= 0 \\ क^2 &= -2 \\ &= -1 \times 2 \\ &= i^2 \sqrt{2} \times \sqrt{2} \end{aligned}$$

अर्थात् $क = i\sqrt{2}$

इस प्रकार प्रत्येक वास्तविक संख्या के समकक्ष एक काल्पनिक संख्या आ गई। यदि 'क' कोई वास्तविक संख्या है तो i क उसके समकक्ष एक काल्पनिक संख्या होगी। इस प्रकार समूचा समुदाय ही काल्पनिक संख्या समुदाय कहलाने लगा। इसके परिवार में भी उसके सदस्यों की संख्या अनंत होती है।

समिश्र संख्या परिवार–वास्तविक संख्या परिवार और काल्पनिक संख्या परिवार के योग से जो संख्याएं बनती हैं वे समिश्र संख्या परिवार में आती हैं। इसके सदस्यों की संख्या भी अनंत होती है। यदि क और ख कोई दो वास्तविक संख्याएं हों और i ख एक काल्पनिक संख्या हों तो क $+ i$ ख एक समिश्र संख्या होगी।

भाज्य तथा अभाज्य संख्याएं–

अभाज्य संख्याएं वे संख्याएं हैं जिनके केवल दो गुणनखण्ड (एक गुणनखण्ड 'एक' तथा दूसरा गुणनखण्ड संख्या स्वयं)

होते हैं, जैसे–2, 3, 5, 7, 11 अभाज्य संख्याएं हैं, वे संख्याएं जिनके दो से अधिक गुणनखण्ड होते हैं 'भाज्य संख्याएं, कहलाती हैं' जैसे–4, 6, 8, 10, 15.....

भाज्य तथा अभाज्य संख्याएं भी अनंत होती हैं।

❑❑

15

भारत के प्रसिद्ध गणितज्ञ

आर्यभट्ट

आर्यभट्ट का जन्म पटना के पास कुसुमपुर में 476 ई. में हुआ था। आर्यभट्ट के इन तीन ग्रन्थों का पता चलता है–दशगीतिका, आर्य-भट्टीय और तंत्र। इनमें आर्य भट्टीय ही उनकी सबसे प्रसिद्ध पुस्तक है। यह पुस्तक श्लोकों में लिखी गई है। पुस्तक में पांच अध्याय हैं जिनमें से केवल एक गणित पर है, शेष ज्योतिष पर। उक्त एक अध्याय में आर्यभट्ट ने अंक गणित, बीज गणित, ज्यामिति और त्रिकोणमिति के 33 सूत्र दिये हैं।

ब्रह्म गुप्त

ब्रह्म गुप्त का जीवन काल 558-660 ई. माना जाता है। कदाचित उक्त शती के ये सबसे बड़े भारतीय गणितज्ञ थे। इनका कार्यक्षेत्र उज्जैन था। इसने तीस वर्ष की उम्र में ही अपने ग्रन्थ ब्राह्मस्फुट सिद्धांत की रचना की थी। उक्त ग्रन्थ में इक्कीस अध्याय हैं, जिनमें से दो अध्याय गणित पर हैं और शेष ज्योतिष पर । गणित वाले अध्यायों में ब्रह्म गुप्त ने बहुत से प्रकरण दिए हैं, जैसे–घनमूल, गुणन की चार विधियां, वर्ग, घन, भिन्न, अनुपात, त्रैराशिक, ब्याज, शून्य, अनंत आदि।

इस विषय-सूची से पता चलता है कि उस समय गणित अपनी पराकाष्ठा को पहुंच गया था। इसी कारण ब्रह्म गुप्त का केवल भारतीय गणित में ही नहीं वरन् गणित के इतिहास में एक विशेष स्थान है।

महावीर

उस समय के भारत के गणिताचार्यों में महावीर का नाम भी उल्लेखनीय है। इनके जीवन काल की ठीक-ठीक अवधि नहीं दी जा सकती लेकिन अनुमान है कि यह राष्ट्रकूट वेश के एक राजा के राज सभासदों में से एक थे। महावीर के उक्त आश्रयदाता का नाम अमोघवर्ष था, जो मैसूर में राज्य करता था। उसका राज्यकाल नवमी शताब्दी पूर्वार्ध में आरंभ हुआ था। इस प्रकार महावीर का कार्यकाल ब्रह्मगुप्त से दो शताब्दी पश्चात् का ठहरता है।

महावीर का सर्व प्रसिद्ध ग्रंथ 'गणित सार संग्रह' है।

श्रीधर

श्रीधर का जन्म संभवत: 951 ई. में हुआ था। उनका प्रसिद्ध ग्रंथ 'गणित सार' है। इसमें 300 श्लोक हैं। इस कारण यह ग्रंथ 'त्रिशतिका' के नाम से भी पहचाना जाता है। उक्त ग्रंथ में निम्नलिखित प्रकरणों का समावेश है—प्राकृतिक संख्याओं की मालाएं, गुणन, भाग, शून्य, वर्ग, घन, वर्गमूल, घनमूल, भिन्न, त्रैराशिक, ब्याज, मिश्रण, साझा आदि।

भास्कर

इनकी विद्वत्ता के कारण अधिकतर लोग इन्हें भास्कराचार्य

के नाम से पुकारते हैं। इस मनीषी का जन्म 1114 ई. में हुआ था। भास्कराचार्य भारत के सबसे बड़े गणितज्ञों में से एक हैं। यह उज्जैन की वेधशास्त्र के डायरेक्टर (निदेशक) भी थे।

इनका प्रसिद्ध ग्रंथ 'लीलावती' माना जाता है, जिसमें इन्होंने अंक-गणित, बीज-गणित और ज्यामिति के सिद्धांतों का प्रतिपादन किया है। लीलावती भास्कर की बेटी का नाम था। ज्योतिषियों ने भविष्यवाणी की थी कि लीलावती का वैवाहिक जीवन सुखी नहीं रहेगा। अतः उसका विवाह करना ही नहीं चाहिए। किंतु भास्कर ने उसके लिए एक शुभ मुहूर्त निकाल ही लिया और उसी शुभ मुहूर्त में विवाह करने का निश्चय किया। उसने एक कटोरी बनाई जिसके पेंदे में एक छेद कर लिया। वह छेद इतना छोटा था कि कटोरी को पानी में रखने से कटोरी ठीक एक घंटे में डूब जाती। शुभ मुहूर्त से ठीक एक घंटे पहले भास्कर ने कटोरी को पानी के एक बर्तन में डाल दिया। उसने सोचा था कि ज्यों ही कटोरी पानी में डूबेगी ठीक उसी समय वह लीलावती का विवाह कर देगा। किंतु विधि का विधान अटल है। शुभ मुहूर्त से कुछ देर पहले लीलावती कटोरी के जल का निरीक्षण करने लगी। यह कुतूहल स्वाभाविक ही था। अनजाने में ही उसके गहने का एक मोती गिरकर कटोरी में जा पड़ा और उसने कटोरी का छेद ढक दिया। शुभ मुहूर्त निकल गया और लीलावती अविवाहित रह गई। पिता ने पुत्री से कहा, "मैं तुझे वैवाहिक जीवन का सुख तो न दे सका किंतु अब मैं तेरे नाम पर एक ऐसी पुस्तक लिखूंगा, जिससे तेरा नाम अमर हो जाएगा।" इस प्रकार भास्कर रचित ग्रंथ का नाम 'लीलावती' पड़ा, जो आज तक अमर है।

रामानुजन

रामानुजन का जन्म 22 दिसंबर, 1887 को एक गरीब ब्राह्मण परिवार में हुआ था। उनका पूरा नाम श्रीनिवास रामानुजन आयंगर था।

प्रसिद्ध फ्रेंच गणितज्ञ लापलेस ने जब अपना ग्रंथ "ब्रह्मांड गति-विज्ञान" लिखा और उसे नेपोलियन को भेंट किया तो नेपोलियन ने उससे पूछा, "कितने आश्चर्य की बात है कि आपने ब्रह्मांड पर इतना बड़ा ग्रंथ लिखा और 'ब्रह्मांड निर्माता' का उसमें एक बार भी उल्लेख नहीं है, लापलेस ने सीधा-सीधा उत्तर दिया, "मान्यवर मेरे ग्रंथ में प्रतिपादित सिद्धांतों के लिए उस 'परिकल्पना' की आवश्यकता नहीं है।"

परंतु रामानुजन के लिए बात दूसरी ही थी। किसी महान ईश्वरीय सत्ता की बात तो दूर रही रामानुजन ग्राम देवी-देवताओं में भी विश्वास करते थे। लेकिन यह मात्र विश्वास ही नहीं था। वह कहा करते थे कि 'नामगिरि' नामक एक ग्राम-देवी उनके स्वप्नों में आकर गणित के फार्मूले निकालने में उनकी सहायता करती है।

रामानुजन की आरंभिक शिक्षा कुम्भकोनम् के हाई स्कूल में हुई। सन् 1903 में 16 वर्ष की आयु में रामानुजन ने मैट्रिक परीक्षा पास की। उन्हें छात्रवृत्ति भी मिलने लगी किंतु गणित में रुचि होने के कारण इंटर की परीक्षा में वह दो बार अनुत्तीर्ण हुए थे। सन् 1909 में रामानुजन की शादी हो गई। और जीवन-यापन के लिए वह 45 रु. मासिक की नौकरी करने लगे। दोपहर में जब खाने की छुट्टी होती तो वह गणित के विषय में ही कुछ न कुछ लिखते रहते थे। एक दिन की बात है, उनका लिखा

हुआ एक कागज उड़ गया। इस कागज को पाया एक अंग्रेज अफसर ने।

'अरे यह क्या? इसमें तो गणित लिखी है और गणित भी बहुत ऊंची। भला किसने इस तरह का सवाल किया है?'

किसी ने बताया, वह एक जो नया बाबू आया है न 'जो कि खाली समय में भी कुछ न कुछ लिखता रहता है, यह कागज उसी का होगा।' अफसर ने रामानुजन को बुलाकर पूछा, तो उन्होंने स्वीकार किया कि वह खाली समय में गणित के सवाल लगाया करते हैं।

अफसर एवं अन्य अधिकारियों की सहायता से इंग्लैंड के विश्वप्रसिद्ध केम्ब्रिज विश्व-विद्यालय के प्रोफेसर हार्डी को रामानुजन ने एक पत्र लिखा और उस पत्र के साथ अपने 120 प्रमेय भी भेजे। डॉ. हार्डी इन प्रमेयों को देखकर बहुत प्रभावित हुए और उन्होंने इनके प्रकाशन की व्यवस्था भी कर दी। उधर हार्डी महोदय रामानुजन को इंग्लैंड बुलाने का प्रयत्न करने लगे और वह अपने प्रयत्न में सफल भी हुए। और इस तरह रामानुजन इंग्लैंड पहुंच गए।

रामानुजन इंग्लैंड तो पहुंच गए किंतु डॉ. हार्डी के सामने एक नई समस्या आ खड़ी हुई। इस व्यक्ति का मार्ग-दर्शन कैसे करें? गणित शास्त्र के कुछ ऐसे सिद्धांत थे जिन पर रामानुजन का पूर्ण अधिकार था किंतु कुछ ऐसी छोटी-छोटी बातें भी थीं जिनका ज्ञान रामानुजन को नहीं था, और रामानुजन जैसी प्रतिभा को शुरू से गणित पढ़ाना व्यर्थ था। अतः उनके मार्ग-दर्शन की जिम्मेदारी हार्डी ने स्वयं अपने ऊपर ले ली। फिर भी डॉ. हार्डी ने अन्त में स्वीकार किया था-"रामानुजन को मैंने जितना कुछ पढ़ाया उससे कहीं अधिक मैंने उससे सीखा।"

बीसवीं शताब्दी के विश्व के महान गणितज्ञों में रामानुजन एक विशुद्ध गणितज्ञ थे। उनके सभी शोध 'संख्या-शास्त्र' से ही संबंधित हैं। जिस प्रकार सभी विज्ञानों में गणित का प्रमुख स्थान है, उसी प्रकार गणित की सभी शाखाओं में संख्या-शास्त्र का स्थान सर्वोपरि है।

इंग्लैंड में बड़े-बड़े विद्वानों की एक संस्था है, जिसका नाम है—"रायल-सोसाइटी"। संसार के सर्वश्रेष्ठ विद्वान ही इसके सदस्य होते हैं। रामानुजन इसके सदस्य थे।

इसके अलावा केम्ब्रिज विश्व-विद्यालय का एक कॉलेज है—ट्रिनिटी कॉलेज। उसका सदस्य चुना जाना भी कम सम्मान की बात नहीं है। भारतीयों को इस कॉलेज का सदस्य नहीं चुना जाता था। रामानुजन ने यह परम्परा भी तोड़ी और सन् 1918 में उनको ट्रिनिटी कॉलेज का सदस्य चुन लिया गया।

रामानुजन मात्र 33 वर्ष की अल्पायु में 26 अप्रैल सन् 1920 को महाशून्य में लीन हो गए। उनकी मृत्यु के पश्चात् उनके सारे लेख 'रामानुजन-लेख-संग्रह' के नाम से इंग्लैंड से प्रकाशित हुए। उनके दिए हुए सूत्रों पर आज भी कई गणितज्ञ शोध में लगे हुए हैं। मद्रास में "रामानुजन गणित संस्थान" (रामानुजन इंस्टीट्यूट ऑफ मेथमेटिक्स) की स्थापना रामानुजन की मृत्यु के 30 वर्ष पश्चात् सन् 1950 में हुई। इस संस्थान में कई भारतीय गणितज्ञ रामानुजन के अधूरे कार्य को पूरा कर रहे हैं।

1987 में रामानुजन की जन्मशती सारे संसार में मनाई गई। इसमें कनाडा, अमेरिका, आस्ट्रेलिया आदि के गणितज्ञों ने बड़े जोश के साथ भाग लिया, और भारत में महान गणितज्ञ को श्रद्धा-सुमन अर्पित करते हुए उनके कार्यों को आगे बढ़ाने का संकल्प लिया।

❑❑

16

भाग विधि द्वारा घनमूल

भाग विधि वर्गमूल ज्ञात करना गणित के प्रायः सभी विद्यार्थी जानते हैं, किंतु भाग विधि द्वारा घनमूल ज्ञात करना शायद ही कोई विद्यार्थी जानता हो। घनमूल की बात जब आती है तब घनमूल गुणनखण्ड विधि से सिखाए जाते हैं। आइए, देखें कि भाग विधि द्वारा घनमूल कैसे ज्ञात किया जाता है।

माना हमें 46655 का घनमूल ज्ञात करना है। पहले इस संख्या पर दाहिने से आरंभ करके दो-दो अंक छोड़कर बिंदियां लगा लीं $4\dot{6}65\dot{6}$। पहली बिंदी इकाई के 6 पर और दूसरी बिंदी हजार के 6 पर लगी।

सबसे बायीं ओर संख्या 46 बनी, वह कौन सी बड़ी से बड़ी संख्या है जिसका घन 46 से कम है। उत्तर मिला 3, अतः 3 को भजनफल में रखा और उसके घन 27 को 46 के नीचे रखा। उसे 46 में से घटाया। शेष बचे 19, अब 656 तीनों अंक उतारने से संख्या बनी 19656।

	36
	$4\dot{6}65\dot{6}$
	-27
$3^3 \times 3 =$ 27	19656
$96 \times 6 =$ 576	-19656
3276	0

अब 3 जो भजनफल है उसे मूलांश मानकर उसके वर्ग के तिगुने अर्थात् 27 को जाँच भाजक माना। दांये से दो अंक छोड़कर 196 में भाग दिया। देखने में तो भाग 7 बार जाता है किंतु 7 बार से भाग की क्रिया असफल हो जाएगी। इसलिए जाँच भाजक 27 का भाग दिया 6 बार। इसे 'जांच भजनफल' कहते हैं। अब मूलांश 3 के तिगुने 9 को बायीं ओर और जांच भजनफल 6 को दायीं ओर रखा। मूलांश 3 का तिगुना 9 और दायीं ओर 6 रखने पर संख्या 96 में बनी। इस संख्या को जांच भजनफल से गुणा किया तो हमें संख्या प्राप्त हुई 576, इस संख्या को जांच भाजक 27 के नीचे उससे दो अंक दाहिने ओर निम्न प्रकार रखा। और दोनों को जोड़ा।

$$\begin{array}{r} 27 \\ +\ 576 \\ \hline 3276 \end{array}$$

इस प्रकार संख्या प्राप्त हुई 3276, इसे 'सत्य भाजक' कहते हैं। इसमें 6 का गुणा (भजनफल) करने पर संख्या प्राप्त हुई 19656। इसे 19656 के नीचे रखा और घटाया। शेष आया शून्य। इस प्रकार 36 घनमूल हुआ 46656 का।

एक अन्य उदाहरण द्वारा इस विधि को हम स्पष्ट करना चाहेंगे–

माना हमें 78402752 का घनमूल ज्ञात करना है–

	428
	$7\dot{8}40\dot{2}75\dot{2}$
$4^2 \times 3 =$ 48	–64
$122 \times 2 =$ 244	14402
5044	–10088
$(42)^2 \times 3 =$ 5292	4314752
$1268 \times 8 =$ 10144	–4314752
539344	0

प्रक्रिया के पद निम्नानुसार हैं–पहली बिंदी इकाई के 2 पर, दूसरी हजार के 2 पर तथा तीसरी बिंदी (दो–दो अंक छोड़कर) 8 पर रखी। इस प्रकार सबसे बायीं ओर संख्या बची 78। वह कौन–सी बड़ी से बड़ी संख्या है जिसका घन 78 से कम है? उत्तर मिला 4।

इस 4 को भजनफल में रखा। 4 के घन 64 को 78 के नीचे रखा और इसे 78 में से घटा दिया। शेष बचे 14।

तीन अंक 402 उतारने पर संख्या बनी 14402।

भजनफल 4 को मूलांश मानकर उसके वर्ग $(4)^2$ के तिगुने $16 \times 3 = 48$ का (दाहिनी ओर से दो अंक छोड़कर) 144 में भाग दिया। देखने में तो भाग तीन बार भी जा रहा है किंतु 3 बार से आगे चलकर भाग की क्रिया असफल हो जाएगी अतः दो (2) बार दिया। इसे जांच भजनफल कहते हैं।

अब मूलांश 4 के तिगुने $(4 \times 3 = 12)$ के बांयी ओर, और जांच भजनफल 2 को दायीं ओर रखने पर संख्या बनी 122।

इस 122 में जांच भजनफल 2 का गुणा करने पर संख्या आई 244। इसे जांच भाजक 48 के नीचे इस प्रकार रखा।

$$\begin{array}{r} 48 \\ +\ 244 \\ \hline 5044 \end{array}$$

और जोड़ा, संख्या बनी 5044। यह सत्य भाजक है। इसमें 2 का गुणा करने पर संख्या प्राप्त हुई 10088।

इसे 14402 के नीचे रखा और घटाया।

शेष बचे 4314। अंतिम तीन अंकों को उतारने पर संख्या बनी 4314752।

अब मूलांश 42 के वर्ग का तिगुना किया। प्राप्त हुआ 5292। यह जांच भाजक है। इसका भाग अंतिम के दो अंक 52 जोड़कर 43147 में देने पर 8 बार गया। यह जांच भजनफल है।

मूलांश के तिगुने $(42 \times 3 = 126)$ को बांयी ओर तथा जांच भजनफल को बांयी ओर रखने पर संख्या बनी 1448। इसमें जांच भजनफल 8 का गुणा करने पर संख्या प्राप्त हुई 10144। इसे जांच भाजक 5292 के नीचे दाहिनी ओर के 2 अंक छोड़कर निम्न प्रकार रखा और फिर जोड़ा–

$$\begin{array}{r} 5292 \\ 10144 \\ \hline 539344 \end{array}$$

जोड़ने पर संख्या प्राप्त हुई 539344। यह सत्य भाजक है। इसमें 8 का गुणा करने पर संख्या प्राप्त हुई 4314752। इसे 4314752 के नीचे रखा और घटाया। शेष बचा शून्य।

इस प्रकार 78402752 का घनमूल 428 हुआ।

❑❑

17

विभाज्यता एवं अभाज्य संख्याएँ

(अ) विभाज्यता–

2 से विभाज्यता–यदि किसी संख्या का इकाई का अंक 0 या सम संख्या है तो वह संख्या 2 से विभाज्य होगी।

3 से विभाज्यता–यदि किसी संख्या के अंकों का योग 3 से विभाज्य है तो वह संख्या 3 से विभाज्य होगी।

उदाहरण– 46803

अंकों का योग = 4 + 6 + 8 + 0 + 3

= 21

जोकि 3 से विभाज्य है अत: संख्या 46803 भी 3 से विभाज्य है।

4 से विभाज्यता–यदि किसी संख्या के अंतिम दो अंकों से बनी संख्या 4 से विभाज्य है तो वह संख्या भी 4 से विभाज्य होगी।

उदाहरण–47032, 58342

प्रथम संख्या में अंतिम दो अंकों से बनी संख्या 32 है जो कि 4 से विभाज्य है। अत: संख्या 47032 भी 4 से विभाज्य होगी।

दूसरी संख्या 58342 में अंतिम दो अंकों से बनी संख्या

42 है जो 4 से विभाज्य नहीं है। अतः संख्या 58342 भी 4 से विभाज्य नहीं है।

5 से विभाज्यता–यदि किसी संख्या का इकाई का अंक 0 या 5 है तो वह संख्या 5 से विभाज्य होगी।

6 से विभाज्यता–यदि किसी सम संख्या के अंकों का योग 3 से विभाज्य है तो वह संख्या 6 से विभाज्य होगी।

उदाहरण– 4854

उपरोक्त संख्या सम संख्या है। जिसके अंकों का योग 4 + 8 + 5 + 4 = 21है जोकि 3 से विभाज्य है। अतः संख्या 4854, 6 से विभाज्य होगी।

8 से विभाज्यता–यदि किसी संख्या के अंतिम तीन अंकों से बनी संख्या 8 से विभाज्य है तो वह संख्या भी 8 से विभाज्य होगी।

उदाहरण– 567128, 567428

प्रथम संख्या के अंतिम तीन अंकों से बनी संख्या 128 है जो कि 8 से विभाज्य है। अतः संख्या 567128 भी 8 से विभाज्य होगी। दूसरी संख्या 567428 के अंतिम तीन अंकों से बनी संख्या 428 है जो कि 8 से विभाज्य नहीं है अतः संख्या 567428 भी 8 से विभाज्य नहीं है।

9 से विभाज्यता–यदि किसी संख्या के अंकों का योग 9 से विभाज्य है तो वह संख्या भी 9 से विभाज्य होगी।

उदाहरण–4832505

संख्या 4832505 के अंकों का योग = 4 + 8 + 3 + 2 + 5 + 0 + 5 = 27 है।

जोकि 9 से विभाज्य है। अतः संख्या 4832505 भी 9 से विभाज्य होगी।

10 से विभाज्यता–यदि किसी संख्या का इकाई का अंक शून्य है तो वह संख्या 10 से विभाज्य होगी।

11 से विभाज्यता–यदि किसी संख्या के विषम स्थानों के अंकों का योग तथा सम स्थानों के अंकों के योग का अंतर शून्य है, अथवा 11 से विभाज्य है तो वह संख्या भी 11 से विभाज्य होगी।

उदाहरण– 480356712

उपरोक्त संख्या के विषम स्थानों का योग

$$= 4 + 0 + 5 + 7 + 2 = 18$$

सम स्थानों के अंकों का योग

$$= 8 + 3 + 6 + 1 = 18$$

दोनों का अंतर $18 - 18 = 0$ है। अत: संख्या 480356712, 11 से विभाज्य होगी।

(ब) अभाज्य संख्या–

यदि कोई संख्या 1 और संख्या स्वयं को छोड़कर अन्य किसी संख्या से विभाज्य नहीं है तो वह संख्या अभाज्य या रूढ़ संख्या कहलाती है। किसी संख्या की 1 और संख्या स्वयं से विभाज्यता, यह कथन मात्र एक औपचारिकता है क्योंकि यह सभी संख्याओं के लिए, वे भाज्य हों अथवा अभाज्य, सत्य है।

संख्या 1 स्वयं अभाज्य है या भाज्य, इसमें मतभेद है। कुछ गणितज्ञ इसे अभाज्य मानते हैं। परंतु यह कथन भी औपचारिक ही है। कहीं 1 का अभाज्य मानना अधिक युक्तियुक्त होगा और कहीं उसे अभाज्य और भाज्य के वर्गीकरण से अलग रखना। अधिकांश गणितज्ञों की राय

1 को इस वर्गीकरण से अलग रखने की ही है। इसीलिए पहली अभाज्य संख्या '2' है। '2' केवल अभाज्य संख्या ही नहीं है वरन सम संख्याओं में यही एक मात्र अभाज्य संख्या है।

एरेटास्थेनीज की चलनी–

कोई संख्या अभाज्य है या नहीं, यह प्रश्न सबसे पहला और सबसे पुराना है। एरेटास्थेनीज का नाम इस विषय में उल्लेखनीय है। उसने अभाज्य संख्याओं को ज्ञात करने के लिए एक व्यावहारिक विधि की खोज की थी। जिसे 'एरेटास्थेनीज की चलनी' का नाम दिया गया है। जिस प्रकार चलनी में से अवांछनीय पदार्थ निकालकर इच्छित वस्तुएं अलग कर ली जाती हैं, उसी प्रकार उसकी युक्ति में संख्याओं में से भाज्य संख्याएं एक-एक कर काट ली जाती हैं और केवल अभाज्य संख्याएं शेष रह जाती हैं। यह विधि बहुत सरल है।

उदाहरण के लिए यदि हमें प्रथम 100 संख्याओं में से अभाज्य संख्याएं निकालनी हैं तो हम सर्वप्रथम उन संख्याओं की एक तालिका में निम्न प्रकार लिख देंगे–

1	2	3	~~4~~	5	~~6~~	7	~~8~~	~~9~~	~~10~~
11	12	13	~~14~~	~~15~~	~~16~~	17	18	19	20
~~21~~	~~22~~	23	~~24~~	~~25~~	~~26~~	~~27~~	~~28~~	29	~~30~~
31	~~32~~	~~33~~	~~34~~	~~35~~	~~36~~	37	~~38~~	~~39~~	~~40~~
41	~~42~~	~~43~~	~~44~~	~~45~~	~~46~~	47	~~48~~	~~49~~	~~50~~

~~51~~	~~52~~	53	~~54~~	~~55~~	~~56~~	~~57~~	~~58~~	59	~~60~~
61	~~62~~	~~63~~	~~64~~	~~65~~	~~66~~	67	~~68~~	~~69~~	~~70~~
71	~~72~~	73	~~74~~	~~75~~	~~76~~	~~77~~	~~78~~	79	~~80~~
~~81~~	~~82~~	83	~~84~~	~~85~~	~~86~~	~~87~~	~~88~~	89	~~90~~
~~91~~	~~92~~	~~93~~	~~94~~	~~95~~	~~96~~	97	~~98~~	~~99~~	~~100~~

इस तालिका में सभी संख्याएं 1 से तो भाज्य हैं ही, पर हम इन्हें भाज्य को कोटि में नहीं गिनते। इसलिए संख्या 1 को छोड़ देते हैं और छोड़ते समय उस पर गोला लगा देते हैं। उसके बाद अगली संख्या को लीजिए और उस पर भी गोला लगा दीजिए। इस प्रकार 2 पर गोला लग गया। अब 2 से आगे जितनी भी संख्याएं 2 से भाज्य हैं, उन्हें काट दीजिए। इस प्रकार 100 तक की सभी सम संख्याएं 2 को छोड़कर कट गई या ''एरेटास्थेनीज की चलनी'' द्वारा भाज्य होने के कारण निकाल दी गईं। अब उसके बाद अगली बिना कटी हुई संख्या 3 लीजिए। उस पर भी गोला लगाइए। अब इसके आगे की वे सभी संख्याएं काट दीजिए जो 3 से विभाज्य हैं। जो संख्याएं पहले ही कट चुकी हैं, उनकी और ध्यान देने की आवश्यकता नहीं है। इस प्रकार इस बार 9, 15, 21 ... इत्यादि संख्याएं कट जाएंगी।

इसी प्रकार क्रम से एक-एक संख्या को लेते जाइए। अगली संख्या 5 है और उसके बाद 7... यह क्रम जब तक

आवश्यकता हो चलाया जा सकता है। वस्तुतः 100 तक की सभी संख्याओं में से अभाज्य संख्या निकालने के लिए 10 तक की सभी अभाज्य संख्याओं अर्थात् 2, 3, 5, 7 द्वारा भाग देकर भाज्य संख्याओं को काट देना होगा। अंत में केवल अभाज्य संख्याएं ही शेष रह जाएंगी। इस प्रकार 1 और 100 के बीच हमें 25 अभाज्य संख्याएं मिल गईं। यह क्रिया किसी भी सीमा तक की संख्याओं में से अभाज्य संख्याओं को निकालने के लिए काम में लाई जा सकती है।

❑❑

18

सरलतम माथापच्ची

1. किन दो अंकों को आपस में गुणा करने पर गुणनफल 7 होगा?
2. एक तीर-कमान का मूल्य 21 रुपए है। कमान का मूल्य तीर के मूल्य से 20 रु. अधिक है। दोनों का अलग-अलग मूल्य बताओ।
3. एक व्यक्ति को एक दिन में वेतन और ओवर टाइम मिलाकर 130 रु. मिलते हैं। यदि वेतन ओवर टाइम से 100 रु. अधिक हो तो उसका वेतन और ओवर टाइम अलग-अलग क्या होगा।
4. दो भाइयों की उम्र मिलाकर 11 वर्ष है। यदि एक भाई दूसरे भाई से 10 वर्ष बड़ा हो तो दोनों की अलग-अलग आयु क्या है?
5. एक सुपारी तीन चोट, चोट-चोट में दो टुकड़े, बतलाओ कुल कितने टुकड़े?
6. चतुर नार छः बड़ा बनाए।
   कै-कै सबके बांटे आए।।
   बाप-पूत, साला-बहनोई।
   मामा-भानजा और न कोई।।

7. एक फूल रोजाना दुगुना बढ़ता है। 30 दिन में वह पूरा खिल जाता है तो बताओ आधा फूल कितने दिनों में खिला होगा।
8. एक डलिया में रखे पुष्प प्रतिदिन दुगने हो जाते हैं। वह डलिया 24 दिन में पूरी भर जाती है, तो बताओ, चौथाई डलिया कितने दिनों में भरी होगी।
9. एक मरीज हर आध घंटे बाद एक सेब खाता है तो वह तीन सेब कितने घंटे में खाएगा।
10. एक वर्गाकार खेत की मेड़ पर सात-सात आम के पेड़ हैं। उसके चारों ओर कुल कितने पेड़ हैं।
11. कपड़े के दो टुकड़ों की सिलाई 2 रु. हैं तो चार टुकड़ों की सिलाई क्या होगी।
12. सात और तीन का तिगुना 30 होगा या 16 ?
13. एक ईंट का वजन पौन किलो और पौन ईंट के बराबर है, तो ईंट का वजन बताओ।
14. ऐसी संख्या बताओ जिसमें एक जोड़ने पर पूर्ण वर्ग बन जाए और उसके आधे में भी एक जोड़ने पर पूर्ण वर्ग बन जाए।
15. उस आयत की लंबाई और चौड़ाई क्या होगी जिसका परिमाप और क्षेत्रफल आंकिक रूप से बराबर हो।
16. उस वर्ग की भुजा बताओ, जिसका परिमाप और क्षेत्रफल आंकिक रूप से बराबर हो।
17. ऐसे तीन अंक बताओ, जिनके घनों का योग करने पर तीन अंकों की ऐसी संख्या प्राप्त हो जिसमें वही अंक हों जिनके घनों का योग किया गया था।

18. वह कौन सी भिन्नात्मक संख्या है जिसमें 4 जोड़ें या जिसमें 4 का गुणा करें तो फल समान प्राप्त होता है।
19. वह कौन सी संख्या है, जिसमें 5 से भाग देने पर या उसमें से 5 घटाने पर समान उत्तर प्राप्त होता है।
20. 15 में कितने जोड़ें कि 3 हो जाएं?
21. 8 में से कितना घटाया जाए कि 20 बचे?
22. 25 में किस संख्या का गुणा करें कि गुणफल 5 आए।
23. 6 में किस संख्या का भाग दें कि भागफल 18 आए।
24. यदि किसी संख्या में क्रमशः 12 जोड़ें, 5 घटाएं, 6 का गुणा करें और 8 का भाग दें तो भागफल 11 और शेष 2 बचते हैं—संख्या बताओ।
25. 180 में से 18 को कितनी बार घटाया जा सकता है?

❑❑

19

मानसिक व्यायाम

1. आटे से भरे एक कनस्तर का वजन 19 कि.ग्रा. था। एक तिहाई आटा प्रयोग करने के पश्चात् कनस्तर और आटे का वजन 15 कि.ग्रा. रह गया। खाली कनस्तर का वजन बताओ।
2. तीन वर्ष पश्चात मेरी उम्र के तिगुने में से तीन वर्ष पूर्व की मेरी आयु का तिगुना घटा दीजिए। आपको मेरी उम्र ज्ञात हो जाएगी। क्या है मेरी उम्र?
3. वह छोटी से छोटी संख्या बताओ जिसमें 2, 3, 4, 5, 6, 7, 8 और 9 का भाग देने पर शेष क्रमशः 1, 2, 3, 4, 5, 6, 7 और 8 बचें, तथा वह संख्या 11 से विभाज्य हो।
4. ऐसी दो संख्याएं बताओ जिनका योग + अन्तर + गुणनफल + भागफल = 243 हो।
5. एक प्रकाशक अपनी पुस्तकों पर लागत का कितने प्रतिशत अधिक मूल्य अंकित करे कि 10% कमीशन देकर उसे 17% लाभ हो।
6. किसी कारखाने में श्रमिकों की 7, 11 और 15 की टोलियां बनाने पर शेष क्रमशः 2, 3 और 4 बचते हैं। कारखाने में श्रमिकों की कुल संख्या क्या है?

7. वह छोटी से छोटी संख्या बताओ जिसमें 2, 3, 4, 5, 6, 7, 8, 9, 10, 11 तथा 12 से भाग देने पर शेष 1 बचे तथा 13 से पूर्णतया विभाज्य हो।
8. 80 के ऐसे चार भाग करो कि उनमें 3 जोड़ें, तीन घटाएं, तीन का गुणा करें तथा 3 का भाग दें तो समान उत्तर प्राप्त हो।
9. एक से नौ तक के अंकों को क्रमशः इस प्रकार लिखो कि उनमें योग तथा अन्तर की क्रिया करने पर परिणाम 100 प्राप्त हो।
10. एक क्रिकेट टीम से 30 तथा 32 वर्ष के दो खिलाड़ी निकाल दिए गए और उनके स्थान पर एक ही उम्र के दो खिलाड़ी रख लिए गए। नए खिलाड़ियों के आने से टीम की औसत आयु दो वर्ष कम हो गई तो नए खिलाड़ियों की आयु बताओ।
11. चार भाइयों के पास कुल मिलाकर 45 रु. हैं, यदि पहले के में 2 जोड़ें, दूसरे के में से 2 घटाएं, तीसरे के में 2 का गुणा करें और चौथे के में 2 का भाग दें तो फल बराबर आता है। चारों भाइयों के पास अलग-अलग कितने रुपए हैं।
12. एक परीक्षा में राग को 10 में 8 अंक प्राप्त हुए। उसी परीक्षा में श्याम को 100 में 75 अंक प्राप्त हुए। कौन अधिक प्रतिभाशाली है? राम या श्याम?
13. किसी धन का दो वर्ष का चक्रवृद्धि ब्याज 41 रु. और साधारण ब्याज 40 रु. है, तो वह धन ज्ञात करो।

14. एक मित्र दूसरे से कहता है कि "यदि मुझे 100 रु. दे दो तो मैं आपसे दोगुना धनी बन जाऊंगा।" दूसरा उत्तर देता है, "यदि आप मुझे केवल 10 रु. दे दें तो मैं आपसे छः गुना धनी बन जाऊंगा।" बताइए दोनों की संपत्तियां क्या हैं?

15. एक विद्यालय में विद्यार्थियों ने वायु-प्रदूषण कम करने के लिए विद्यालय में तथा उसके चारों ओर वृक्ष लगाने का अभियान छेड़ा। यह निश्चित किया गया कि प्रत्येक कक्षा का प्रत्येक सेक्शन उतने वृक्ष लगाएगा, जिस कक्षा में वे पढ़ते हैं। कक्षा I का छात्र 1 वृक्ष, कक्षा II का छात्र 2 वृक्ष, कक्षा III का छात्र 3 वृक्ष ... तथा कक्षा XII का छात्र 12 वृक्ष लगाएगा। यदि विद्यालय में कक्षा I से कक्षा XII तक की पढ़ाई होती है और प्रत्येक कक्षा में 3 सेक्शन हों तो बताओ विद्यार्थियों द्वारा कितने वृक्ष लगाए गए हैं?

16. धनुर्धर अर्जुन के पास भीष्म पितामह से लड़ने के लिए कुछ तीर थे। आधे तीरों के साथ उसने पितामह द्वारा छोड़े गए तीरों को काट दिया। 7 तीरों की सहायता से उसने पितामह के रथ चालक को मार गिराया। फिर एक-एक तीर से उसने पितामह के रथ और धनुष को काट डाला। अंत में तीरों की कुल संख्या के वर्गमूल के चार गुने से एक अधिक तीरों के साथ पितामह को शर-शैया पर अचेतावस्था में लिटा दिया। बताओ, अर्जुन के पास कुल कितने तीर थे?

17. सेना की एक परेड में 24 सदस्यों वाले बैंड के पीछे 308 जवानों का एक समूह कदमताल करता हुआ चलता है।

दोनों समूहों को समान पंक्तियों में कदमताल करना है। बताइये, अधिकतम कितनी पंक्तियों में कदमताल करते हुए चल सकते हैं?

18. कुछ विद्यार्थियों ने एक पिकनिक का आयोजन किया। भोज पर 240 रु. खर्च किये जाने थे। 4 विद्यार्थियों के न जाने के कारण भोजन खर्च 5 रु. प्रति विद्यार्थी बढ़ गया। बताओ कितने विद्यार्थियों ने पिकनिक का आयोजन किया था?

19. एक किताब का मूल्य 10 रु. बढ़ाने पर 1200 रु. में एक व्यक्ति 10 किताबें कम खरीद पाता है। किताब का वास्तविक मूल्य क्या है?

20. एक परीक्षा में सही उत्तर के लिए 1 अंक दिया जाता है तथा गलत उत्तर के लिए 1/4 अंक काट लिया जाता है। एक विद्यार्थी ने 120 प्रश्नों के उत्तर दिये और 90 अंक प्राप्त किये। बताओ उसने कितने प्रश्नों का सही उत्तर दिया?

21. एक वस्तु को 96 रु. में बेचने से उतने ही प्रतिशत लाभ होता है जितना कि वस्तु का क्रय मूल्य है। वस्तु का क्रय मूल्य बताओ।

22. हंसों के एक झुंड में से कुल संख्या के वर्गमूल का 1/2 हंस तालाब के किनारे पर खेल रहे है। तीन चौथाई सो रहे हैं शेष दो पानी में क्रीड़ा कर रहे हैं। बताओ कुल हंस कितने हैं?

23. ऊंटों के एक काफिले का 1/4 भाग जंगल में दिखाई देता है। कुल ऊंटों की संख्या के वर्गमूल का दोगुना पहाड़ों पर है। शेष 15 ऊंट नदी के किनारे जल पी रहे हैं। ऊंटों की कुल संख्या बताओ?

24. 9 मीटर ऊंचे स्तंभ पर एक मोर बैठा है। स्तम्भ के पाद में बने एक छेद से 27 मीटर की दूरी पर एक सांप छेद की ओर बढ़ रहा है। सांप को देखकर मोर उसकी ओर झपटता है। यदि दोनों की गतियां समान हों तो छेद से कितनी दूरी पर सांप पकड़ा जाएगा?

25. सारस के एक झुंड में से एक चौथाई कदम्ब के पौधों के आस-पास घूम रहा है। शेष के एक चौथाई सो रहे हैं। शेष के एक चौथाई पहाड़ी पर घूम रहे हैं। शेष 27 सारस वृक्षों पर बैठे हुए हैं। कुल कितने सारस हैं?

26. यदि किसी वर्गाकार खेत का क्षेत्रफल 25 एअर हो तो उस खेत की एक भुजा की लंबाई क्या है?

❑❑

20

गणितीय उलझनों का आनन्द

1. भेड़ों का बंटवारा–

   एक गड़रिया था। जब वह बूढ़ा हो चला और काफी बीमार पड़ गया तो उसने अपने तीनों बेटों को बुलाया और कहा कि तुम मेरे मरने के पश्चात् मेरी मंशा के अनुरूप बंटवारा कर लेना। मेरी मंशा है कि कुल भेड़ों का 1/2 हिस्सा सबसे छोटे लड़के को मिले। कुल भेड़ों का 1/3 हिस्सा मझले लड़के को मिले और कुल भेड़ों का 1/9 वां हिस्स सबसे बड़े लड़के को मिले। भेड़ों को इसी हिसाब से बांटना और ध्यान रहे कोई भी भेड़ मारनी या काटनी न पड़े। उसके पास कुल 17 भेड़ें थी। गड़रिया के मरने के पश्चात् सभी भाई उलझन में पड़ गए। आप कोशिश कीजिए उनकी उलझन को सुलझाने की।

2. आलोक और आकाश हिंदी और अंग्रेजी भाषा सीखते हैं। आकाश और अजय अंग्रेजी तथा संस्कृत भाषा सीखते हैं। अवनीश मराठी तथा हिंदी भाषा सीखता है। आलोक भी मराठी भाषा सीखता है।

(अ) इनमें कौन–कौन हिंदी सीखते हैं परंतु अंग्रेजी नहीं?

(ब) आकाश कौन सी भाषा नहीं सीखता है?

(स) कौन–कौन हिंदी, अंग्रेजी और संस्कृत भाषा सीखते हैं।

(द) कौन–कौन मराठी सीखते हैं किंतु अंग्रेजी नहीं सीखते हैं?

3. तीन मित्र थे गोपाल, गोविन्द और गोकुल। इन तीनों में से प्रत्येक दो व्यवसाय करता था। वे सब निम्न छः व्यवसाय करते थे। पहलवानी, अध्यापन, संगीत, चित्रकला, माली और नाई। कौन क्या करता था यह हमें नहीं मालूम? उनके जीवन से संबंधित निम्नलिखित तथ्य हैं–

   1. पहलवान संगीतज्ञ के बड़े बालों पर छींटे कसता है।
   2. संगीतज्ञ और माली दोनों ही गोपाल के साथ गंगा स्नान करने जाया करते थे।
   3. चित्रकार कभी–कभी अध्यापक से गणित पढ़ लिया करता था।
   4. पहलवान ने चित्रकार से अपना एक चित्र बनाने के लिए कहा।
   5. गोविन्द ने माली से कुछ फूल लाने को कहा।
   6. गोकुल ने गोविन्द और चित्रकार दोनों को विदेश से लौटने पर सुन्दर भेंट दी।

   इन सबके व्यवसाय बताइए।

4. एक बूढ़े किसान के पास 49 गायें थीं और सात बेटे थे। उस किसान ने प्रत्येक गाय के लिए 1 से 49 तक नंबर दे दिए थे। उन गायों की यह विशेषता थी कि जितने नंबर की गाय उतने ही लिटर दूध, जैसे–7 नंबर की गाय 7 लिटर

दूध, 28 नंबर की गाय 28 लिटर दूध आदि। एक बार जब वह किसान बीमार पड़ा तो उसने अपने सातों बेटों को बुलाकर कहा–"तुम लोग इन गायों को आपस में बराबर-बराबर बांट लो, मगर हां, हर भाई के पास बराबर मात्रा में दूध भी आना चाहिए। आप इन गायों को सातों भाइयों में इस प्रकार बांटने का प्रयत्न करें कि प्रत्येक भाई को समान संख्या में गायें और समान मात्रा में दूध मिले।

5. प्रायः दुकानदार 1 से 40 कि. ग्रा. तक का वजन तौलने के लिए 1 कि.ग्रा., 2 कि.ग्रा., 5 कि.ग्रा., 10 कि.ग्रा. 20 कि.ग्रा के बांट रखते हैं और उन्हीं का प्रयोग करके एक से चालीस कि.ग्रा. तक का वजन तौलकर देते हैं। किंतु एक दुकानदार ऐसा है जो केवल चार बांटों से ही एक बार में एक कि.ग्रा. से लेकर चालीस कि.ग्रा. तक का सौदा तौलकर दे सकता है। क्या आप बता सकते हैं कि वे चार बांट कौन-कौन से हैं, बांट किसी भी वजन के हो सकते हैं, उनकी संख्या केवल चार है।

6. दो मित्र हैं। उनके पास एक बरतन में 8 लिटर तेल है। उस तेल को वे आपस में बराबर-बराबर बांटना चाहते हैं। उनके पास 3 लिटर और 5 लिटर नाप के दो खाली बर्तन हैं। इन दो बर्तनों की सहायता से आप उनका तेल बराबर बराबर भागों में बांटने में उनकी मदद कीजिए।

7. एक पथिक अपने साथ एक भेड़िया, एक बकरी और एक पान के पत्तों की टोकरी लेकर एक नदी के किनारे पहुंचता है। वहां पहुंचकर वह पाता है कि एक बहुत छोटी सी नाव पड़ी हुई है। उस नाव में एक बार में अपने साथ केवल

एक ही चीज ले जा सकता है। उसके साथ समस्या एक और है। वह भेड़िया और बकरी अथवा बकरी और पान के पत्तों की टोकरी को एक साथ अकेला नहीं छोड़ सकता है। बताइए, वह उस नदी को उस छोटी सी नाव से किस प्रकार पार करे?

8. तीन दंपति गांव किनारे आते हैं और उसे पार करना चाहते हैं। परंतु नाव बहुत छोटी है जो एक बार में केवल दो ही व्यक्तियों को ले जा सकती है। साथ ही सभी पति बड़े शंकालु और ईर्ष्यालु हैं और इसीलिए गंगा पार करते समय कोई भी पत्नी किसी अन्य पुरुष की उपस्थिति में नहीं रहना चाहती है जब तक कि स्वयं उसका पति भी उसके साथ न हो। किस प्रकार ये दंपति गंगा पार करें? सभी नाव चलाना जानते हैं।
9. तीन मित्रों ने सांझे में रसोई बनाई। एक ने तीन कि.ग्रा. लकड़ी दी, दूसरे ने पांच कि.ग्रा. लकड़ी दी, तीसरे के पास लकड़ी नहीं थी–उसने अपने हिस्से के 8 रु. दे दिए। ये 8 रु. दोनों मित्र आपस में किस प्रकार बांटेंगे।
10. तीन असमान ढेरों में 48 गेंदें हैं। यदि पहले ढेर से दूसरे में इतनी गेंदें मिलाई जितनी दूसरे ढेर में थीं, फिर दूसरे ढेर से तीसरे में इतनी गेंदे मिला दें जितनी तीसरी ढेर में थी, फिर तीसरे ढेर से पहले में इतनी गेंदें मिला दें जितनी पहले में बचीं तो सभी ढेरों में गेंदों की संख्या समान हो जाएगी। बताइए, प्रत्येक ढेर में कितनी–कितनी गेंदें थीं?
11. एक भक्त मंदिर में कुछ पुष्प लेकर पहुंचा। मंदिर में 7 मूर्तियां थीं। उसने प्रत्येक मूर्ति पर बराबर–बराबर पुष्प

चढ़ाए। प्रत्येक मूर्ति पर पुष्प चढ़ाने के बाद दूने होते गए। बताओ, भक्त कम से कम कितने पुष्प लेकर घर से चला था और उसने प्रत्येक मूर्ति पर कितने पुष्प चढ़ाए?

12. एक चार मंजिले मेरिज हाउस में एक बारात आकर रुकी। कुछ बाराती–प्रथम तल पर, कुछ द्वितीय तल पर, कुछ तृतीय तल पर और कुछ चतुर्थ तल पर। चौथे तल पर देखा कि बाराती अधिक हो गए हैं तो उन्हें प्रथम, द्वितीय, और तृतीय तल पर उतनी–उतनी संख्या में ही जाने को कहा कि जितने–जितने बाराती उनमें पहले से ही रुके हुए थे। अब तृतीय तल पर बाराती अधिक हो गए तो उन्हें प्रथम, द्वितीय और चतुर्थ तल पर उतनी–उतनी संख्या में जाने को कहा जितने जितने बाराती अभी उसमें मौजूद हैं। अब द्वितीय तल पर बाराती अधिक हो गए तो उन्हें उसी प्रकार प्रथम, तृतीय और चतुर्थ तल पर जाने के लिए कहा जितने–जितने बाराती अभी उसमें हैं। अब प्रथम तल पर बाराती अधिक हो गए तो उन्हें उसी प्रकार द्वितीय, तृतीय और चतुर्थ तल पर जाने को कहा जितने–जितने बाराती अभी उसमें मौजूद हैं। इस व्यवस्था के पश्चात् सभी तलों पर बारातियों की संख्या समान हो गई। बताइए, कुल बाराती कितने थे और पहली बार प्रारंभ में प्रत्येक तल पर कितने बाराती ठहराए गए थे।

13. यदि मेरिज हाउस पांच मंजिल हो और पांच तलों पर बाराती ठहराए गए हों तथा पुनः व्यवस्था प्रश्न 12 की भांति की गई हो तो कुल बारातियों की संख्या और प्रत्येक तल पर प्रारंभ में ठहराए गए बारातियों की संख्या बताओ।

14. 10 थैली हैं। प्रत्येक थैली पर (1) एक से लेकर 10 तक क्रमशः नंबर पड़े हैं। प्रत्येक थैली में 10-10 ग्राम के सिक्के भरे हुए हैं। एक थैली अलबत्ता ऐसी है जिसमें 9-9 ग्राम के सिक्के हैं। केवल एक बार में तौलकर यह बताना है कि किस नंबर की थैली में 9-9 ग्राम के सिक्के हैं।

15. एक यजमान के यहां 5 अतिथि आते हैं। यजमान ने उनके लिए कुछ केले मंगवाए। उन केलों में से कुछ केले पहले अतिथि को खाने को दिए। अतिथि ने कुछ केले खाए, कुछ छोड़ दिए। जितने केले पहले अतिथि ने छोड़े थे उतने ही केले और मिलाकर यजमान ने दूसरे अतिथि को खाने को दिए। उसने भी कुछ खाए, कुछ छोड़ दिए। जितने केले दूसरे अतिथि ने छोड़े थे, उतने ही केले और मिलाकर, यजमान ने तीसरे अतिथि को खाने को दिए। तीसरे अतिथि ने भी कुछ केले खाए, कुछ छोड़ दिए। जितने केले तीसरे अतिथि ने छोड़े थे, उतने ही केले और मिलाकर यजमान ने चौथे अतिथि को खाने को दिए। चौथे अतिथि ने भी कुछ केले खाए, कुछ छोड़ दिए। जितने केले चौथे अतिथि ने छोड़े थे उतने ही केले और मिलाकर यजमान ने पांचवे अतिथि को दिए। पांचवे अतिथि ने पूरे केले खा लिए। अंत में देखा गया कि प्रत्येक अतिथि ने बराबर-बराबर केले खाए थे। बताओ, यजमान ने कितने केले मंगवाए और पहले अतिथि को कितने केले खाने को दिए और प्रत्येक अतिथि ने कितने केले खाए थे?

16. तीन मित्रों ने मिलकर कुछ बाटियां बनाईं। पहले ने एक कुत्तों को डालकर शेष का 1/3 खा लीं। दूसरा खड़ा हुआ उसने भी शेष बाटियों में से पहले एक कुत्ते को डाली और 1/3 खा लीं। तीसरे ने भी यही किया शेष बाटियों में से एक कुत्ते को डाली और 1/3 खा लीं। अन्त में तीनों ने पहले एक कुत्ते को डाली और शेष बाटियों को आपस में बराबर–बराबर बांट लिया तो बताओ तीनों ने मिलकर कम से कम कितनी बाटियां बनाईं थी।

❑❑

उत्तरमाला

अध्याय-18

1. 7 और 1
2. 20 रु. 50 पै., 50 पै.
3. 115 रु., 15 रु.
4. 10 वर्ष 6 माह, 6 माह
5. 4
6. दो-दो केवल तीन व्यक्ति हैं, पिता, पुत्र, पुत्र का मामा
7. 29 दिन में
8. 22 दिन में
9. एक घंटे में
10. 24 पेड़
11. 6 रु.
12. 16
13. 3 कि.ग्रा.
14. 48
15. 6 और 3 इकाई
16. 4 इकाई
17. 1, 5, 3 $[1^3 + 5^3 + 3^3 = 153]$
18. $\frac{4}{3}$
19. $\frac{25}{4}$
20. –12
21. –12
22. $\frac{1}{5}$
23. $\frac{1}{3}$
24. 8
25. एक बार, 180 – 18 = 162 इसके पश्चात् यदि आप 18 घटाते हैं तो वह 162 में से घटाएंगे, 180 में से नहीं।

अध्याय-19

1. 7 कि.ग्रा.

2. 18 वर्ष

3. 2519

4. 54 और 5.30%

6. 289

7. 83161

8. 12, 18, 5, 45

9. $123 + 4 - 5 + 67 - 89 = 100$

10. 20 वर्ष

11. 8 रु., 12 रु., 5 रु., 20 रु.

12. राम

13. 400 रु.

14. 40 रु. 170 रु.

15. 234

16. 100

17. 4

18. 16

19. 30 रु.

20. 96

21. 60 रु.

22. 16

23. 36

24. 12 मीटर

25. 64

26. 50 मीटर [1 एअर = 100 वर्गमीटर]

अध्याय 20

1. तीनों भाई जब भेड़ों का बंटवारा अपने पिताजी की इच्छानुसार नहीं कर पाए तो उन्होंने पिताजी के मित्र को बुलाया जो पेशे से अध्यापक थे। उन्हें, तीनों भाइयों ने अपनी समस्या बताई कि पिताजी ने मरते समय 17 भेड़ों को तीनों भाइयों में 1/2, 1/3 और 1/9 कुल भेड़ों का बांटने की इच्छा जताई और स्वर्गवासी हो गए। अब इस हिसाब से हमारा बंटवारा बिना मारे या बिना काटे नहीं हो पा रहा है। आप हमारी समस्या को हल कीजिए। पिताजी के मित्र ने कहा ऐसा करो एक भेड़ हम अपनी ओर से और दे रहे हैं। अब तुम्हारे पास 18 भेड़ें हो गईं अब अपने पिताजी की इच्छा के अनुरूप 18 का 1/2 याने 9 भेड़ें सबसे छोटे भाई को दे दो। 18 का 1/3 याने 6 भेड़ें मझले को दे दो जैसी कि पिताजी की इच्छा थी। और बाकी का 1/9 याने 2 भेड़ें सबसे बड़े भाई को दे दो। अब तो खुश हो और इस प्रकार तुम्हारी 17 भेड़ें (9 + 6 + 2) तुम्हें मिल गईं। चाहो तो हमारी भेड़ हमें वापस कर दो।

2. (अ) अवनीश
(ब) मराठी
(स) आकाश
(द) अवनीश

3. गोपाल–चित्रकार व नाई
गोविन्द–अध्यापक व संगीतज्ञ
गोकुल–माली व पहलवान

4.

पहला पुत्र	1	11	20	22	24	48	49
दूसरा पुत्र	2	10	14	23	33	46	47
तीसरा पुत्र	3	7	12	31	32	35	45
चौथा पुत्र	4	8	17	26	36	41	43
पांचवा पुत्र	5	16	19	29	30	34	42
छठवां पुत्र	6	15	18	27	28	37	44
सातवां पुत्र	9	13	21	25	38	39	40

प्रत्येक को 7 गायें और 175 कि.ग्रा. दूध मिलेगा।

5. 1, 3, 9, 27 कि.ग्रा.

6. 8 लिटर के भरे बर्तन से 3 लिटर का बर्तन भरा। 3 लिटर वाले भरे बर्तन का तेल 5 लिटर वाले खाली बर्तन में डाला। 8 लिटर वाले बर्तन से 3 लिटर वाला बर्तन पुनः भरा और उसका तेल पुनः 5 लिटर वाले बर्तन में डाला। चूंकि 5 लिटर वाले बर्तन में 3 लिटर तेल पहले से ही है अतः अब केवल 2 लिटर तेल बनेगा शेष एक लिटर तेल 3 लिटर वाले बर्तन में रह जाएगा। अब 5 लिटर वाले भरे बर्तन का तेल 8 लिटर वाले बर्तन में डाल दो। अब तीन लिटर वाले बर्तन का तेल जो केवल 1 लिटर बचा है

5 लिटर वाले खाली बर्तन में डाल दो। पुनः 8 लिटर वाले बर्तन से 3 लिटर वाला बर्तन भरो और 5 लिटर वाले बर्तन में डाल दो। इस प्रकार पांच लिटर वाले बर्तन में 4 लिटर तेल हो गया और शेष 4 लिटर तेल 8 लिटर वाले बर्तन में बच गया। हो गया तेल आधा-आधा।

7. सबसे पहले बकरी को ले गया। लौटकर आया पान की टोकरी ले गया। अब जब लौटा तो बकरी को साथ लेता आया। अब बकरी को इसी पार छोड़ा भेड़िया को ले गया। खाली हाथ आया और बकरी को भी ले गया। इस प्रकार एक-एक करके तीनों पार हो गए।

8. तीनों दंपति के नाम दिए देते हैं। माना वे राजा-रानी, ठाकुर-ठकुरानी और सेठ-सेठानी हैं। सभी नाव चलाना जानते हैं।

पहले रानी और ठकुरानी उस पार गई। ठकुरानी नाव वापस लाई। रानी को उसी पार छोड़ आई। अब ठकुरानी और सेठानी गईं। सेठानी को उसी पार छोड़ा ठकुरानी नाव वापस लाई। अब राजा और सेठ गए। उधर से नाव सेठ-सेठानी लाए। इधर से सेठ और ठाकुर गए। ठाकुर और सेठ उसी पार रह गए। रानी नाव को वापस लाई। अब इधर से रानी और सेठानी गईं। सेठानी नाव को वापस लाई। इधर से सेठानी और ठकुरानी गए। सभी गंगा पार हो गए उन शर्तों के साथ जो प्रश्न में दी हुई थीं।

9. जैसा अक्सर लोग सोचते हैं कि 8 कि.ग्रा. लकड़ी का मूल्य 8 रु. दिया जिसे 5 कि.ग्रा. लकड़ी वाला 5 रु. ले ले और

तीन कि.ग्रा. लकड़ी देनेवाला 3 रुपए ले ले पर ऐसा नहीं है। उसने 8 रु. अपने हिस्से के अर्थात् तीसरे हिस्से के दिए हैं अर्थात् 8 कि.ग्रा. लकड़ी की कीमत 8 रु. × 3 = 24 रु. आंकी गई। अब 5 कि.ग्रा. लकड़ी 15 रु. की होती है। (3 रु. प्रति कि.ग्रा) 8 रु. उसके हिस्से के खर्च में आते हैं इसलिए उसे 7 रु. और मिलने चाहिए। जिसने 3 कि.ग्रा. लकड़ी दी है उसका मूल्य होता है 9 रु.। 8 रु. उसके स्वयं के ऊपर खर्च हुए अतः 1 रु. उसे मिलना चाहिए। इस प्रकार जिसने लकड़ी नहीं दी थी उसके बदले में 8 रु. दिए थे। 5 कि.ग्रा. लकड़ी देने वाले को मिलेंगे 7 रु. और 3 कि.ग्रा. लकड़ी देने वाले को मिलेगा 1 रु. ।

10. 22, 14, 12 गेंदें।

11. 127, 64

12. कुल बाराती 64

प्रारंभ में प्रत्येक तल पर 5, 9, 17, 33

13. कुल बाराती 160

प्रत्येक तल पर 6, 11, 21, 41, 81

14. पहली नं. 1 की थैली से एक सिक्का 2 नं. 2 की थैली से 2 सिक्के, नं. 3 की थैली से 3 सिक्के, नं. 4 की थैली से 4 सिक्के ..... इसी प्रकार नं. 10 की थैली से 10 सिक्के लिए इस प्रकार $1+2+3+4+5+6+7+8+9+10 = 55$ सिक्के इकट्ठे किए गए। इन्हें एक ही बार में तराजू पर रखकर तोला गया। इन सिक्कों का वजन 55×10

ग्राम होना चाहिए चूंकि एक थैली में कम वजनी (9×9 ग्राम के) सिक्के हैं। स्वाभाविक है वजन 550 ग्राम से कुछ कम होगा। वजन जितने ग्राम कम होगा उसी नं. की थैली में कम वजनी सिक्के हैं।

15. कुल केले 80

पहले अतिथि को दिए 31 केले

प्रत्येक अतिथि ने खाए 16 केले

16. 79 बाटियां

❑ ❑